# 新手妈妈
# 科学孕育攻略

元宿 著

中国纺织出版社有限公司

## 图书在版编目（CIP）数据

新手妈妈科学孕育攻略 / 元宿著 . -- 北京 ：中国纺织出版社有限公司，2023.6

ISBN 978-7-5180-0523-9

Ⅰ. ①新… Ⅱ.①元… Ⅲ. ① 婴幼儿—哺育—基本知识 Ⅳ.① TS976.31

中国国家版本馆 CIP 数据核字（2023）第 075424 号

责任编辑：傅保娣　　责任校对：楼旭红　　责任印制：王艳丽

中国纺织出版社有限公司出版发行

地址：北京市朝阳区百子湾东里 A407 号楼　邮政编码：100124

销售电话：010—67004422　传真：010—87155801

http://www.c-textilep.com

中国纺织出版社天猫旗舰店

官方微博 http://weibo.com/2119887771

北京通天印刷有限责任公司印刷　各地新华书店经销

2023 年 6 月第 1 版第 1 次印刷

开本：710×1000　1/16　印张：12.25

字数：175 千字　定价：49.80 元

# 前言

人与人之间的爱，有很多种表现形式。

曾经，我们以笑容、诗歌去表达爱，我们追求浪漫、拒绝苦难，但随着一枚戒指的约定，一个家庭的组建，一个生命的到来，那千百种形式的爱逐渐汇聚成了一个清晰的轮廓。我至今还记得第一次陪妻子去做超声检查时，我们期待而又紧张的情形。我们讨论着孩子会像谁，畅想着不遥远的未来。

从妻子感到孕吐难受到撑着肚子小步挪动，从每一次入睡前的辗转反侧到清晨的吃力爬起，从宝宝呱呱坠地到牙牙学语，从宝宝满地乱爬到与小朋友嬉戏打闹……随着不同阶段的到来，我们的守护不再只是嘴边的情话，更需要贯彻始终的行动。

还没开始备孕就怀孕了怎么办？怀孕后哪些东西要远离？产后为什么情绪越来越低落了？坐月子真的有那么多禁忌吗？什么时候进行产后修复才是最佳时机？宝宝哭闹的潜台词到底是什么？……我们掌握了这些孕育知识，不仅会给孕育生命的过程带来安全感和幸福感，还能最大限度地保障宝宝的健康成长。

《新手妈妈科学孕育攻略》主要针对孕育过程中常见的健康问题提出了解决方案，帮助新手妈妈了解产前产后自身的行为和心理特点，读懂宝宝的诉求，进行科学的家庭护理。本书涵盖了孕育全程的常见问题，从身体保健到心灵呵护，从防微杜渐到实用指南，为新手妈妈提供了一个科学的孕育攻略。

当然，写本书的目的并不是要取代产科和儿科医生的工作，只是希望新手妈妈能从书中了解到科学的孕育理念，通过合理的

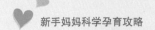

家庭护理缩短病程，减少疾病的发生，增强宝妈和宝宝的体质，轻松、有效地呵护整个孕育生命的过程。

最后，感谢我的家人，是他们的支持让我能够在工作之余静心写作。特别感谢的是我的女儿，是她的可爱让我在疲惫之余有了振作的动力。希望所有的妈妈们都能关注孕育过程中的营养健康和生活规律，避开孕育陋习，掌握更多的孕育知识，实现科学孕育的最终目标。从另一个角度上来说，这不只是一本孕育攻略的科普图书，还可以看作是以科学为骨的情书。

曾经我们以诗歌去表达爱，如今，需要我们以科学去构筑爱。

元宿

2023 年 2 月

# 目录

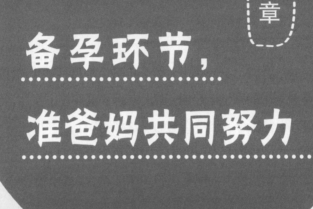

第一章

# 备孕环节，
# 准爸妈共同努力

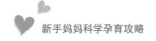 

 **选择最佳备孕时间，避开灰色受孕期**

宝宝是两个人爱情的结晶，而备孕则是不少夫妻的人生大事之一。备孕顺利与否确实因人而异，但绝不是有好运才有好孕，我们还是得以科学为依据。

### 怀孕的最佳时间

1.最佳孕育年龄

优生是很多家庭关注的问题，而要想实现"优生"，把握好生育年龄是非常重要的。

不少小夫妻结婚后，七大姑八大姨会拼了命地做"催生游击队"，生怕过了30岁就不能生或者生的宝宝不聪明。而大家通常重点攻击女性，因为在人们看来，男人似乎永远有生育能力。但事实真的是这样吗？

并不是的！什么是生育力呢？生育力是指生育的能力，即一对配偶在单位时间（月）内可能妊娠的概率。随着不孕年限的延长，概率逐渐下降。

从年龄上说，无论男性还是女性，生育力都会随着年龄增长而下降。但女性生育力的下降趋势更明显。研究发现，女性40岁时的生育能力与生育处于高峰期的年龄（20岁后期到30岁初期）相比，减少近一半。也就是说，怀孕更困难，怀孕后流产的风险更大，分娩出活婴的概率降低。

一项关于社会压力与生育力的研究结果显示，女性末次妊娠的平均年龄不超过41岁，这从侧面反映了年龄与生育能力存在一定的关系。

女性随着年龄增长，卵巢会逐渐衰老，所以一般认为女性的最佳生育年龄在35岁以前，最好在30岁之前。而男性随着年龄增长，精子活动力会逐渐下降，难以使女性受孕；畸形精子会逐渐增加，容易使女性怀上不健康的胎儿，所以男性最佳生育年龄也不应超过35岁。

2.最适宜受孕的月份

对于适宜受孕的月份，主要是从季节和温度方面考虑。我国地域广阔，极有可能出现"人间四月芳菲尽，山寺桃花始盛开"的景象，我们主要应从以下几方面来考虑适宜受孕的月份（图1-1）。

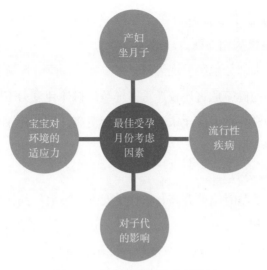

图 1-1　最佳受孕月份考虑因素

（1）产妇坐月子

产后坐月子是我国的一大传统。虽然传统观念中有很多不科学的内容，但是对于产妇来说，确实应该选择一个相对舒适的生育时间。

生产时最好避开最冷和最热的月份，选择在春暖花开的时候生产，更有利于产妇舒畅地休息。考虑怀胎十月，所以夏末、秋初受孕较佳，当然也要根据不同地区的季节特点进行调整。

（2）宝宝对环境的适应力

宝宝在温度舒适的月份出生，更容易健康成长。如果温度过高——盛夏及寒冬（可能出现过度捂热），宝宝容易出现湿疹、痱子等皮肤问题，处理不好还容易发生捂热综合征。

多项研究表明，捂热综合征起病急骤、发展迅速，以每年12月至次年2月，以及6~8月发病较多，大多数患儿有明确的捂闷、包裹过多病史。捂热综合征容易引起脑缺氧和高热，继而出现脱水、代谢紊乱，最后导致多脏器功能损害，尤其对神经系统和脑损害更为明显，严重者或治疗不及时会导致死亡，存活下来的宝宝发生神经系统后遗症的比例极高。所以，宝宝出生应尽量避开高温和严寒季节。

（3）流行性疾病

这里主要指流行性感冒（简称流感）。流感作为一种急性呼吸道传染病，传播迅速。每年流感季节性流行在全球可导致 300 万~500 万重症病例，以及 29 万~65 万呼吸道疾病相关死亡。

流感在我国的大部分地区表现为每年冬、春季的季节性流行和高发。

而流感对孕妇的健康危害比较严重。怀孕后机体免疫力下降，孕妇感染流感病毒后的严重程度和死亡风险比未受孕的女性更高，因此建议受孕月份尽可能避开流感季节。

（4）对子代的影响

有研究显示，受孕时温度升高，子代中女性患高血压的比例升高，男性的体重指数（BMI）较低。

综合以上考虑，在夏、秋季节怀孕，次年春季生产，对孕产妇和新生儿比较好。

3. 排卵日

正常情况下，女性每个月都会排卵。从排卵日起，6 天以内，女性的体内环境最适合卵细胞与精子存活，所以这段时间称为"生育窗"。研究发现，在排卵日前 2 天同房，怀孕的概率最高。月经周期内不同时间同房临床怀孕的可能性见图 1-2。

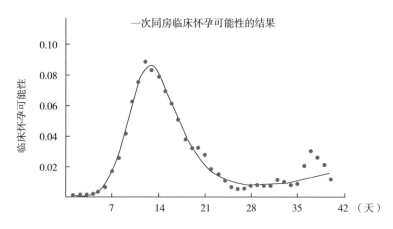

图 1-2　月经周期内不同时间同房临床怀孕的可能性

也有研究显示，在排卵前 1 天同房怀孕的可能性最大，而怀孕的可能性从排卵日开始往后会逐渐下降。

那么，怎么才能知道哪一天排卵呢?

常用的监测排卵的方法有观察法、基础体温测定法、试纸法、B超检测法、内膜活检法（图1-3）。

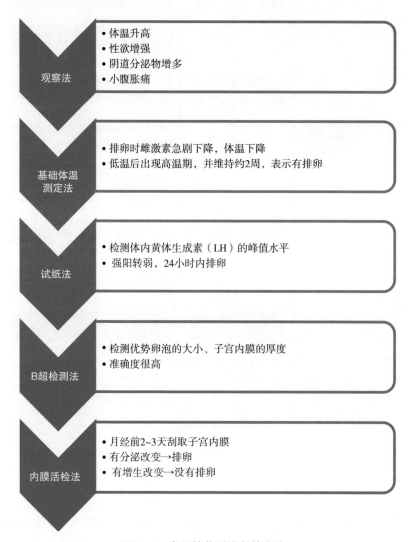

图1-3　常用的监测排卵的方法

## 避开灰色受孕期

灰色受孕期一般指不利于怀上健康宝宝的时间点（图1-4）。因为在不良的生理状态或自然环境下，受精卵容易受到影响，所以怀孕要避开这些时间点。

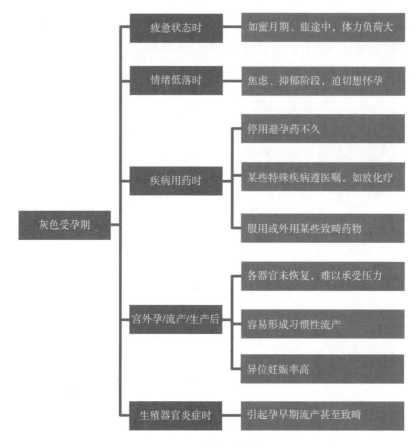

图 1–4  灰色受孕期

## 💿 助力好"孕"，备孕期夫妻怎么吃

备孕时期的营养状况（图 1-5）直接关系着孕育新生命的质量，对下一代的健康将产生长期影响。要想成功孕育新生命，提高生育质量，预防不良妊娠，准爸爸和准妈妈的"吃"是一大关键。什么能吃、什么不能吃、怎么吃，都是备孕期间的大学问。

### 不做"烟酒生"

备孕期间，绝对禁忌的就是烟和酒，已有许多研究表明，吸烟和饮酒都会对受孕与子代健康产生不良影响（图 1-6）。

图 1-5　**备孕期的营养状况**

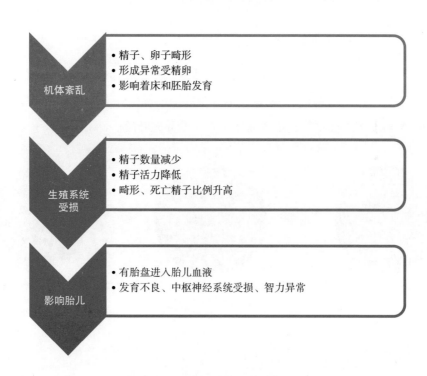

图 1-6　**吸烟和饮酒的不良影响**

　　酒精可导致内分泌紊乱，原因包括：影响精子或卵子发育，造成精子或卵子畸形，受孕时形成异常受精卵；影响受精卵顺利着床和胚胎发育，受酒精损害的生殖细胞形成的胚胎往往发育不正常而导致流产；男性长期或大量饮酒，引起慢性或急性酒精中毒，对生殖系统产生不良影响，包括精子数量减少、活力降低，畸形精子、死亡精子的比例升高等，进而影响受孕和胚胎发育；酒精可以通过胎盘进入胎儿血液，造成胎儿宫内发育不良、中枢神经系统发育异常、智力低下等。因此，若在备孕期，夫妻一方或双方经常饮酒、酗酒，就会影响受孕和下一代的健康。

备孕期吸烟会对胎儿产生毒性作用，烟草中的有害成分可经血液循环进入生殖系统，备孕期，夫妻经常吸烟可增加下一代发生畸形的风险。且吸烟时间越长，畸形精子越多。一般停止吸烟半年后，精子才可恢复正常。需要注意的是，二手烟同样存在危害。

若想备好孕，夫妻双方最好提前半年戒烟、禁酒，远离吸烟环境，避免危害。

### 备孕准妈妈应该怎么吃

备孕期，准妈妈要将孕前体重调整到适宜水平，太胖或太瘦都不利于顺利妊娠（图1-7）。在饮食方面要根据以下3个原则进行：一是常吃含铁丰富的食物，二是吃含碘丰富的食物，三是孕前3个月开始补充叶酸。

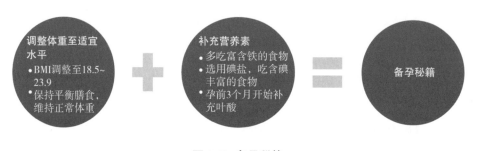

图1-7 备孕秘籍

1. 补铁

女性在孕前和孕早期缺铁或贫血，可导致流产、胎儿生长受限以及新生儿体重过低，对胎儿、新生儿智力行为发育产生不可逆的影响。

女性因月经失血，体内铁储备不足，故备孕期应尽可能多地摄入含铁丰富的食物（图1-8），为妊娠储备足够的铁。若女性在孕前已经检查出贫血或铁缺乏，则应积极治疗，待贫血或铁缺乏纠正后再怀孕。

图 1–8　补铁食物

2. 补碘

碘缺乏会影响儿童智力和体格发育。据统计，缺碘会造成儿童智力损失 10%~15%。孕前碘摄入量每天低于 25 微克时，新生儿可发生克汀病。克汀病又称呆小病，最显著的特点就是身材矮小，四肢粗大，且智力发育存在缺陷。因此，备孕期间准妈妈要补充碘的摄入量。

补碘，最简便的方法就是选用加碘盐。但考虑到孕期碘需求量增加及早孕反应会影响孕妇对食物和碘盐的摄入，建议备孕女性除规律食用碘盐外，每周再摄入 1 次富含碘的食物，如海带、紫菜、贻贝，以增加必要的碘储备。

3. 补叶酸

孕期叶酸缺乏会显著增加胎儿发生神经管缺陷的风险，发病率为 0.1%~1.0%。每天补充 0.4 毫克叶酸，连续 4 周后，体内叶酸缺乏的状态可得到改善；持续补充 12 周后，血清 / 血浆中的叶酸浓度才能达到有效水平和稳定状态。

因此，建议从准备怀孕前 3 个月开始每天补充 0.4 毫克叶酸，以保证胚胎早期有较好的叶酸营养状态，满足其神经管分化对甲基的需要，降低胎儿神经管和多器官畸形发生的风险；对于曾有神经管畸形儿生育史和怀疑缺乏叶酸的女性，应遵医嘱补充更大剂量的叶酸。

## 备孕准爸爸应该怎么吃

很多人觉得男性不需要备孕，但其实准爸爸的营养对准妈妈的受孕及宝宝的健康起着至关重要的作用。要想胎儿健康，不仅需要准妈妈"土壤肥沃"，还要保证准爸爸"种子"优良。男性备孕，在饮食方面（图1-9）主要是增强精子质量和活力。

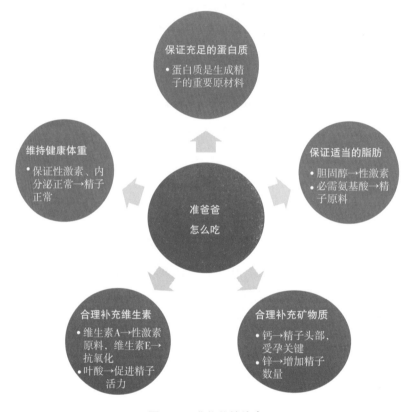

图1-9　准爸爸的饮食

辟谣

科学上并没有"吃碱性食物容易生男孩"这种说法，机体有强大的系统来调节自身的酸碱平衡，靠吃酸性或碱性食物改变人的体质是不靠谱的，唯一能改变的只有尿液酸碱度，且盲目过度地服用还易导致营养不良或营养过剩，不利于机体健康。真正决定胎儿性别的还是准爸爸的"种子"（图1-10）。新时代的女性也能撑起半边天，无论男女宝宝都是爱的馈赠。自己十月怀胎辛苦生的宝宝，只要好好爱他（她）就够了。

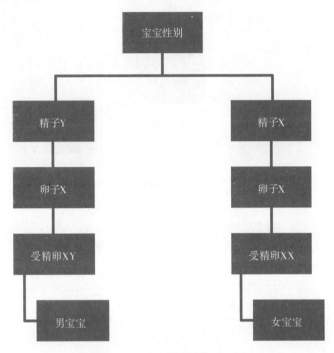

图 1-10　决定宝宝性别的因素

## 想怀宝宝，这些身体检查准妈妈必须做

孕前检查是预防出生缺陷的关键环节和重要手段。出生缺陷是导致婴幼儿死亡和残疾的重要原因。研究显示，缺乏孕前检查是孕产妇死亡的一个促成因素，而提前检查、提早干预有利于减少妊娠并发症。

一般推荐检查的时间为备孕前 3 个月，检查项目包括 3 类：常规项目、必查项目和备查项目（图 1-11）。

### 常规项目

常规项目包括两部分内容，一部分是孕前高危因素评估，另一部分是体格检查（图 1-12）。

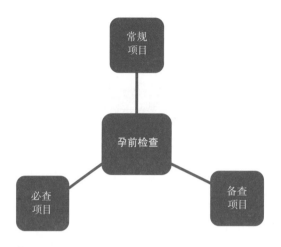

图 1-11　孕检项目

| 孕前高危因素评估 |
| :--- |
| ·询问计划妊娠夫妇的健康状况 |
| ·评估既往慢性疾病史、家族史和遗传病史，不宜妊娠者应及时告知 |
| ·详细了解不良孕产史和前次分娩史，是否为瘢痕子宫 |
| ·生活方式、饮食营养、职业状况及工作环境、运动（劳动）情况、家庭暴力、人际关系等 |
| **体格检查** |
| ·全面体格检查，包括心肺听诊 |
| ·测量血压、身高、体重，计算体重指数（BMI） |
| ·常规妇科检查 |

图 1-12　孕前检查常规项目

体格检查主要评估 BMI（即准妈妈的胖瘦情况，便于及时调整体重，使 BMI 在 18.5~23.9 的正常范围内，为妊娠做好准备）、血压（尽可能调整至正常范围 90~140/60~90mmHg，谨防妊娠高血压发生）、身体状况（是否存在不建议怀孕的疾病）、生殖系统情况（是否存在异常，不适宜怀孕）。

## 必查项目

女性孕前检查必查项目主要包括以下项目。

血常规：静脉取血，检查是否存在贫血或感染情况。

尿常规：肾脏疾病的早期诊断，利于排除不能受孕的因素，存在相关疾病的准妈妈需要治愈后再进行备孕。

血型（ABO 和 Rh 血型）：预测是否会发生血型不合，出现溶血现象。

空腹血糖水平：怀孕会加重胰岛负担，必要时还应进行葡萄糖耐量试验。

肝肾功能：包括血脂、乙肝等内容，存在肝肾相关疾病时，怀孕会加重疾病状态。

传染病检查：梅毒血清抗体筛查及艾滋病病毒（HIV）筛查。

地中海贫血筛查：部分地区（广东、广西、海南、湖南、湖北、四川、重庆等）为地中海贫血的高发地区，但近年来，随着人口迁徙和南北通婚日益增多，地中海贫血基因携带者呈现向北蔓延趋势，地中海贫血防控不再局限于南方地区。若夫妻双方均为已知的同型地中海贫血基因携带者，应在孕前转诊至有产前诊断资质的医院进行遗传咨询，以评估子代患重型地中海贫血的风险，避免重型地中海贫血患儿的出生。

## 备查项目

备查项目是根据自身情况，选该做的项目进行检查，不必全做。备查项目主要包括：子宫颈细胞学检查（1 年内未查者）；TORCH 筛查；阴道分泌物检查（常规检查，以及淋球菌、沙眼衣原体检查）；甲状腺功能检测；75 克口服葡萄糖耐量试验（OGTT），针对高危妇女；血脂水平检查；妇科超声检查；心电图检查；胸部 X 线检查等。

备查项目是根据个人需要或针对人群选做的，也可在此基础上增加其他检查。

1. 月经不调——"性激素 6 项检查"

服用避孕药、压力较大、作息不规律、过度肥胖等人群，建议进行"性激素 6 项检查"，包括催乳素、睾酮、孕酮、雌二醇、促黄体生成素、促卵泡生成素，了解内分泌功能的状态，评估卵巢功能、黄体功能及生殖系统是否正常。检查前应空腹，在月经第 2~4 天任选一天检查，第 2 天上午最佳。

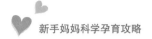

2."高龄产妇"孕检

卵巢功能检查：女性过了最佳生育年龄后，卵巢功能会衰退，出现排卵障碍，影响受孕。

染色体检查：对遗传性疾病进行细致的筛查，尤其是曾有不良孕产史的高龄产妇。

优生5项检查（TORCH检查）：是对弓形体（TOX）、风疹病毒（RV）、巨细胞病毒（CMV）、单纯疱疹病毒（HSV）及其他病原体如带状疱疹、微小病毒等的检查。TORCH病原微生物可经胎盘垂直传播，引起宫内感染，是胎儿早产、死缠绕、畸形的主要原因，通过筛查，可以明确孕前免疫情况，评估是否适合妊娠。家里养宠物的准妈妈更要对此项检查上心。

3.有口腔问题的准妈妈

若准妈妈平日里牙就不太好，记得尽可能在备孕前6个月进行一次全面的口腔检查，避免出现龋齿、智齿或其他口腔疾病，防止孕期治疗时对胎儿造成不良影响。

4.存在某些高危因素的准妈妈

高血糖：长期患病会对全身各靶器官有不同程度的损伤，可视情况对各靶器官进行针对性检查，尤其是心脏，在孕期负荷量大，容易发生疾病危险。

高血压：并发症影响较大，应检查心、脑、肾功能是否正常，以免孕期发生意外。

病毒性肝炎：可能引起肝脏功能病变，根据病毒学检测及肝功能检查，经医生评估是否可以怀孕，因为乙肝病毒可母婴传播，母体肝功能超负荷的同时还有胎儿畸形等可能。

除此之外，还有其他孕前本身患有疾病的女性想要备孕的，若期间服用过或需一直服用药物的，应在孕前及时与医生沟通反馈。

孕前检查注意事项

孕前检查不同于常规体检，主要是针对生殖系统和遗传因素进行的检查。孕前检查需要注意的事项，见表1-1。

表 1-1 孕前检查注意事项

| |
| --- |
| • 选择合适的检查机构和检查项目，某些医疗机构有专门的孕前检查套餐，可以作为参考 |
| • 检查前 1 周内避免进行性生活 |
| • 一般而言（除某些特殊项目），最好在月经干净后 2 天以上再行检查 |
| • 检查前 1 周保持饮食清淡、作息健康，避免熬夜和暴饮暴食 |
| • 检查当天空腹，着装选择易穿脱的衣服。若近期做过相关体检，把体检报告带上，经医生评估后，某些项目不必再做 |

##  准爸爸也要做孕前检查

孕育生育是夫妻携手并进的特殊旅程，而大多数家庭可能有这样的误区，即备孕是妻子一个人的事，丈夫不过是贡献精子罢了，不需要做任何检查。其实不然，男性的孕前检查对优生优育同样起着重要作用。

### 为什么准爸爸也要做孕前检查

孕前检查与普通的体检不同，除了常规的健康查体，还会涉及与妊娠相关的全面评估。因此，即便是每年定期体检的准爸爸们，也建议在准妈妈孕前 3~6 个月补充完善相关孕前检查的项目。

据世界卫生组织（WHO）统计，全球约 15% 的育龄夫妇存在不孕不育问题。国内资料表明，目前我国约有 1250 万对不孕不育夫妇，其中与男性因素相关的约占 50%，而精子质量是评估男性生育力的重要指标。

影响男性生育力的危险因素有很多（图 1-13），因此男性孕前检查很有必要。

### 准爸爸的孕前检查内容

一般而言，孕前检查包括优生优育教育及病史询问、体格检查（包括常规检查和男性生殖系统检查）、实验室检查、精液常规检查、其他检查。

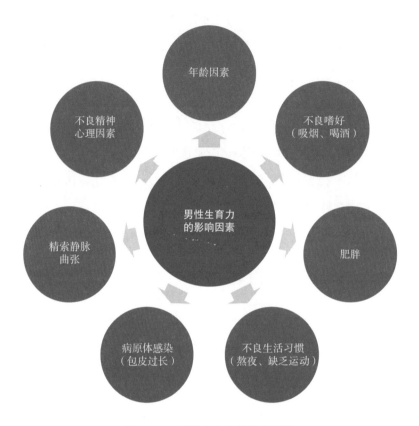

图 1-13　男性生育力的影响因素

**1.优生优育教育及病史询问**

上文说到影响男性生育力的因素有很多，除了图中的因素外，环境中的各种化学物质、内分泌干扰物、电离辐射、重金属、有毒有害气体、长期高温环境等都可能损伤睾丸生精功能而导致不育，所以医生需要对备孕男性进行优生优育的教育。

此外，准爸爸还需要告知医生自己的病史，包括现病史、婚育史、既往史、个人史、家族史等，特别是要告知医生目前是否有慢性疾病或有无须要长期服用或正在服用的药物，有些药物可能对精子质量有影响，需要请医生帮忙评估是否适合备孕或是否需要调整药物。

**2.体格检查**

体格检查包括两个部分。一是常规体格检查，排除是否有血脂、血压、血糖等方面的问题（与一般体检检查项目类似）。二是男性生殖系统检查（初步了解是否发育异常，是否存在包皮过长、包茎、隐睾、精索静脉曲张等情况），这是孕前检查的关键，可以初步了解外生殖器的发育情况。例如，包皮过长，若包皮垢清洁不当，可被细菌、病毒、滴虫、真菌等病原体感染，严重者可造成男性排尿困难和尿液反流，引起尿路感染，甚至引起女方生殖道的感染，进而影响生育；而精索静脉曲张是目前公认的能导致男性不育的重要病因。

### 3. 实验室检查

这部分与准妈妈备孕检查的内容相似，主要包括血常规、尿常规、血型、肝肾功能（乙肝血清学五项、丙肝抗体等）、传染病检查（HIV 抗体、梅毒螺旋体筛查）、地中海贫血筛查等。同样需要注意，需要认真评估子代患重型地贫的风险，避免重型地贫患儿的出生。

### 4. 精液常规检查

精液常规检查是准爸爸们备孕检查的重头戏，包括精液量、pH 值、液化状态以及精子数量、活力、形态的检查等，为评价男性不育提供重要依据。如果检查结果异常，则需要警惕生育能力减退。

精液检查的相关指标及意义见表 1-2。精液检查的注意事项见表 1-3。

表 1-2　精液检查相关指标及意义

| 指标 | 意义 | 异常原因分析 |
| --- | --- | --- |
| 精液量 | 一次排精射出的精液体积，正常情况下 ≥ 1.5 毫升 | 精液量过少：与禁欲天数、精液收集不全、生殖道梗阻、不完全逆行射精和精囊腺发育不良等相关 |
| 精液黏稠度 | 液化后精液的黏稠度，可通过精液形成黏液丝的长度来判断 | 黏稠度降低：精囊液体流出受阻、先天性精囊缺如 |
| 精液酸碱度（pH 值） | 反映精囊腺分泌的碱性液体和前列腺分泌的酸性液体之间的平衡情况 | 如果精液 pH<7.2，则需要临床医生具体分析 |

续表

| 指标 | 意义 | 异常原因分析 |
|---|---|---|
| 精液颜色 | 呈乳白色或灰白色，禁欲时间长者可略显浅黄色 | • 精液透明或变得稀薄：无精子或精子密度低<br>• 鲜红、暗红、淡红或酱油色：存在红细胞（前列腺或精囊的非特异性炎症、生殖系统的结石、结核或肿瘤）<br>• 黄色：前列腺炎和精囊炎、合并黄疸、服用某些维生素 |
| 精液液化 | 刚射出的精液在 10 分钟后，由胶冻状变得稀薄，有利于精子的充分活动 | 液化时间超过 1 小时，或不液化：影响精子的存活率和活力 |
| 精子浓度 | 每毫升精液中所含有精子的数量（包括活动精子和不动精子） | • 少精子症：精子浓度 < 1500 万 / 毫升<br>• 无精子症：样本离心沉淀以后仍未找到精子 |
| 精子活力 | 前向运动精子率（PR）正常应 ≥ 32% | 精子活力弱；不良生活习惯（如烟、酒、经常性久坐等） |
| 精子形态 | 正常形态率应 ≥ 4% | < 4% 的则考虑为畸形精子症 |

表 1-3　**精液检查的注意事项**

| |
|---|
| • 在精液检查前需要禁欲 2~7 天，禁欲时间过短或过长都可能导致结果不准确 |
| • 以手淫方式采集，不得以安全套或中断性交体外排精的方式留取精液 |
| • 采集精液时应集中注意力，尽量使体内精液完全射出，精液是否完全射出的判断标准为射出精液量达到正常性交精液射出量的 2/3 以上 |
| • 精液标本全部收集于实验室提供专用容器内，采集过程中注意保温 |
| • 标本采集后立即送检，送检过程中应注意保温（20~40℃） |
| • 向实验室工作人员准确提供禁欲时间、标本完整性等相关信息 |

5. 其他检查

根据患者情况，还可完善其他检查，如精子 DNA 碎片率、叶酸测定、生殖激素测定睾酮（T）、雌二醇（$E_2$）、泌乳素（PRL）、黄体生成素（LH）、卵泡刺激素（FSH）和抑制素 B（INHB）、染色体检查等，以排除其他引起准爸爸生育力异常的可能。

为了自己和家人的幸福生活，为了将来宝宝的健康，准爸爸们一定要重视并进行孕前检查噢！

## 还没开始备孕就怀孕了，哪些事需要及时补上

为保证成功妊娠、提高生育质量、预防不良妊娠，夫妻双方都应做好充分的孕前准备。然而现实情况总是出乎意料，"情到浓时，不能自已""甜蜜过头""安全期避孕""体外射精"等都可能导致意外怀孕。

发现自己意外怀孕后，内心必然会出现各种焦虑情绪（图 1–14）。

什么时候怀孕的？　哎呀！那段时间喝酒了吗？　近期没吃啥药吧？　都没提前吃叶酸，怎么办？　不会宫外孕吧？

图 1–14　**发现意外怀孕后，常见的焦虑情绪**

这些心理困扰对孕妈妈、家庭关系，甚至对胎儿都会产生负面影响，也是出现产后健康问题的重要因素。因此，即使意外怀孕，孕妈妈也要摆正心态，远离坏情绪。纵使有千百件没来得及做的事要补上，也要循序渐进，一件一件事情来。

妊娠的确认

怀没怀孕，自己说了可不算，还是要先做好诊断。一般而言，有正常性生活史的育龄女性，平时月经周期规律，若出现月经过期 10 天以上，首先考虑怀孕；

若停经达 2 个月以上，怀孕的概率更大。

停经是妊娠最早、最重要的症状，但并不是特有的症状，某些疾病也可能导致停经。因此，如果只是出现停经、尿频、乳房变化，甚至有些出现了"早孕反应"，一定要经过相应的辅助检查才能确定是否怀孕。

一般来说，辅助检查根据早期妊娠及中晚期妊娠进行分类（图 1-15）。

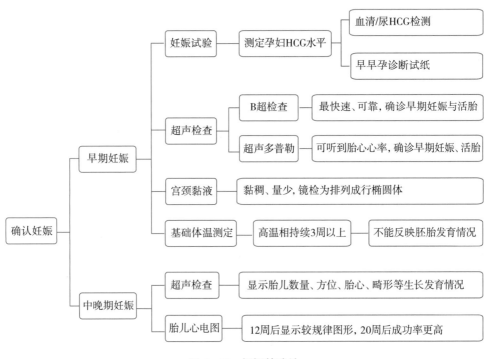

图 1-15　**妊娠的确认**

而在妊娠确认中，最关键是排除异位妊娠，确认宫内孕。异位妊娠是指孕卵在子宫腔外着床，在早期妊娠妇女中的发病率为 2%~3%，是早孕期孕妇死亡原因第一位的疾病，所以确认宫内孕尤为重要。

排除受孕期不良影响

确认宫内孕后，大概已经明确孕周数，可以回忆在受孕时间附近有没有饮酒、吸烟、拍摄 X 线或服用药物等情况。若有上述情况，请咨询医师或临床药师，不用着急放弃宝宝。因为在妊娠早期，存在"全或无"现象。

怀孕 3~12 周是胎儿各器官高度分化、迅速发育的关键时期，也是药物致畸的敏感期。在胚胎受精 4 周内用药，一种情况是药物对胚胎损伤严重，导致胎儿死亡；另一种情况是药物对胚胎无影响或影响很小，胚胎受损细胞可由其他细胞代偿，继续正常发育。

此外，还应排除自身疾病因素（图 1-16）。

图 1-16　不适宜妊娠的疾病

确认是否适合继续妊娠，具体应该咨询产科医生。

叶酸怎么吃

孕早期缺乏叶酸不仅可引起死胎、流产、脑和神经管畸形，还可导致眼、口唇、腭、胃肠道、心血管、肾、骨骼等器官的畸形。

胚胎神经管分化发生在受精后 2~4 周（即 4~6 孕周），而孕妈妈意识到自己意外怀孕，通常在孕 5 周以后或者更晚，此时再补充叶酸预防胎儿神经管畸形，

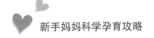

无疑为时已晚。

但由于叶酸对孕妇和胎儿有其他益处，无高危因素的妇女可每天增补 0.4mg 叶酸至妊娠结束，甚至持续整个哺乳期。

叶酸在人体内不能合成，只能外源性摄入。在食物中，深绿色蔬菜、柑橘类水果、豆类、坚果、动物肝等富含天然叶酸。除此之外，也可以通过叶酸制剂来补充。

妊娠妇女的叶酸平均需求量为每天 0.52 毫克，推荐摄入量为每天 0.6 毫克。

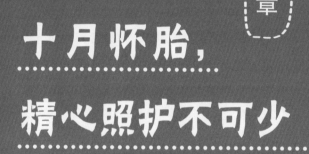

第二章

十月怀胎，
精心照护不可少

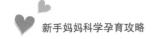
 **怀孕后，这些东西要远离**

怀孕期间，家里的长辈总是说这不要吃、那不要吃。其实很多"传说"中的孕期饮食禁忌，是没有科学依据的。女性妊娠期，只是生理上的特殊阶段，并不代表此时她是一个病人。当然，作为生命早期机遇窗口期的第一阶段，孕期的营养状况对母婴健康至关重要。

随着孕期的生理变化，准妈妈在饮食方面必然要做出一些调整。为完成妊娠过程，准妈妈的总营养摄入必然增加，以满足孕期的生理代谢需求。总的来说，饮食应以食物多样化、平衡膳食为原则，以保证营养均衡；补充必需的微量元素；同时也需要结合一定的运动，通过健康的生活方式来保障母婴的营养和身心健康。

不过，在饮食方面，孕期也确实有禁忌和注意事项。

烟、酒是禁令

这一点，想必很多准妈妈都知道。孕期饮酒会影响胎儿的中枢神经系统，易使胎儿酒精中毒，出现行为异常、智力低下或严重畸形。"孕期喝一点酒，将来孩子酒量好"完全没有科学依据。孕期一定不能喝酒，包括但不限于白酒、黄酒、红酒、果酒等。

烟草也是如此，在怀孕的任一阶段都可能引起胎儿流产、早产、畸形或宫内发育迟缓等。尤其要注意的是，家人也要禁止吸烟，二手烟同样存在危害。

最好在备孕时就和烟酒告别。

不熟不净，吃了有病

李斯特菌是一种环境致病菌，常因食用被污染的食物而感染，妊娠期的感染率为普通人的 20 倍，约占全部感染者的 27%。怀孕期间，李斯特菌感染可能引起流产和早产。李斯特菌可通过胎盘直接传播，新生儿发病率约为 5%。因此，怀孕期间应该尽量避免食用半生的牛肉、鸡蛋、贝类和生鱼片，以及未经消毒的牛奶，因为这些食品可能是李斯特菌的感染源。关于李斯特菌，可能准妈妈们关注得少一些，需要引起重视。

### 少吃和不能吃是两码事，控制量是关键

高油脂高热量的油炸食品、深加工食品、含糖量高的食物和饮料，孕期真的一点不能碰吗？并不是，孕妇偶尔也想"放纵"一下，明代医家张景岳就说过"凡饮食之类，则人之脏器各有所宜，似不必过为拘者"，毕竟饮食不仅是生理需求，也是精神需要。火锅、奶茶、冰激凌，偶尔吃一次，味蕾得到慰藉，心情也会变美丽。

主食类：火锅、泡面、麻辣烫——偶尔一次不打紧。

海鲜类：大闸蟹、生鱼片、小龙虾——只要烧熟，也可以浅尝。

水果类：山楂、荔枝、龙眼——少食，不过量即可。

甜品类：冰激凌、咖啡、奶茶——少食，注意适量（每天咖啡因摄入量应小于 200 毫克）。

少吃和不能吃是两码事，控制量是关键。如果食用过量，能吃的食物也会对身体产生不良影响。例如，水果是健康食品，但摄入过多，吸收入血的糖分过高，可能导致体重过重，甚至引起妊娠期高血糖。

少吃，一方面先要避免食用量过多，使不友好的成分在体内积蓄；另一方面应避免过于油腻或含糖量高的食物扰乱消化系统的正常功能，影响营养吸收。

### 科学的饮食原则

孕早期（妊娠早期，第 13 周末之前）：这段时期，胎儿的生长发育速度比较缓慢，但同时也是胎儿神经管分化形成的重要时期。此时，大多数孕妈妈会出现早期妊娠反应，饮食原则为清淡适口，少食多餐，保证足够的碳水化合物，合理补充叶酸。

孕中期（妊娠中期，第 14~27 周末）与孕晚期（妊娠晚期，第 28 周及其后）：随着胎儿生长，宝妈自身机体的生殖器官也逐渐发育，并为产后储能，所以这段时期的饮食原则也应随之调整，以满足孕妈妈增加营养素的需要，主要是增加优质蛋白，多摄入乳制品，配合适量运动，合理补铁、补碘。

以上注意事项适用于正常妊娠状态的孕妈妈，高危妊娠监督状态的孕妈妈（如妊娠期高血糖、妊娠期高血压等）请根据自身情况寻求营养师或医生建议。

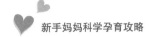 

## 吐得昏天黑地的生活，什么时候能结束

孕吐的感受因人而异，在专业文献中没有统一描述，大部分和晕车的感觉相似，总觉得喉咙里堵着一根弹簧，压制不住的时候便开始干呕或者直接呕吐。但车总有停下来的一刻，而孕吐宛如汹涌的波涛，根本停不下来，如果闻到了令人不适的气味，简直就像遇到了钱塘江大潮。

那么，孕吐应该如何正确应对呢？

### 什么是孕吐

孕吐，也称妊娠期恶心呕吐，是产科常见的疾病，也是孕早期最常见的入院指征。孕吐的影响因素见图 2-1。

图 2-1　孕吐的影响因素

研究显示，妊娠早期约 50% 的孕妇会出现恶心呕吐，25% 的孕妇仅有恶心而无呕吐，25% 的孕妇无症状。

孕吐多始于孕 4 周，基本在孕 9 周前出现；50%~60% 的孕妇在孕 12 周后症状自行缓解；90%~91% 的孕妇在孕 20~22 周后缓解，但也有近 10% 的孕妇在整个妊娠期持续恶心呕吐，再次妊娠恶心呕吐复发率为 15.2%~81.0%。由此可见，孕吐发生率较高，我们很羡慕那些全孕程无孕吐的妈妈们。

### 孕吐的分级

按 Motherisk PUQE-24 评分系统，孕吐可分为轻度（4~6 分）、中度（7~12 分）、重度（13 分以上），具体评分细则如下（括号内为评分）。

1. 在过去 24 小时内，感到恶心的时间是多少小时？

    A. 从不（1 分）

    B. 不到 1 小时（2 分）

    C. 2~3 小时（3 分）

    D. 4~6 小时（4 分）

    E. 超过 6 小时（5 分）

2. 在过去 24 小时内，是否呕吐，呕吐的次数是多少？

    A. 从不（1 分）

    B. 1~2 次（2 分）

    C. 3~4 次（3 分）

    D. 5~6 次（4 分）

    E. 超过 6 次（5 分）

3. 在过去 24 小时内，是否干呕，干呕的次数是多少？

    A. 从不（1 分）

    B. 1~2 次（2 分）

    C. 3~4 次（3 分）

    D. 5~6 次（4 分）

    E. 超过 6 次（5 分）

评级只能作为一种参考，还要考虑孕妈妈的实际情况，如果剧烈呕吐严重影响营养摄取，24 小时不能喝进液体或吃进东西、超过 8 小时不排尿或尿液颜色很深甚至尿痛、尿血，感到非常虚弱、心跳加速、吐血、腹痛、发热达到或超过 38 ℃ 等，都要及时就医。

此外，若初次恶心呕吐发生于妊娠 9 周后，应请医生仔细诊察鉴别，排除可能导致恶心呕吐的其他疾病。

## 如何应对孕吐

一般而言，轻、中度的恶心呕吐对母婴影响较小，但妊娠剧吐则会增加母婴不良结局的风险。若出现"孕妇体重下降，下降幅度甚至超过发病前的 5%；出

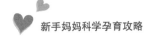
现明显消瘦、极度疲乏、口唇干裂、皮肤干燥、眼球凹陷及尿量减少"等妊娠剧吐的指征，应立刻就医。

应对孕吐的方法，有药物疗法和非药物疗法两种。前者需要专业医疗机构的配合，特别是孕吐时期与药物致畸敏感期重叠，不宜居家处理，建议采取较安全的非药物疗法。

1. 补充适量的维生素

建议备孕时就服用多种维生素，以降低孕吐的发生率和严重程度。但部分多元维生素中可能含铁，研究显示，补充元素铁超过 200 毫克 / 天时容易出现恶心和上腹部不适等胃肠道症状。若孕吐不能忍受，建议先暂停补铁，用叶酸替代含铁的产前维生素。此外，也有的建议适当服用维生素 $B_6$ 补充剂，但效果存在个体差异，不能保证人人有效。

2. 少食多餐，避免饱腹感，清淡饮食

从一日三餐，变成每天 5~6 顿小餐，注意每餐的间隔，避免胃部过饱，加重恶心。建议在吃固体食物前后至少 30 分钟避免喝水，减少饱腹的影响；呕吐之后，不要强迫进食，尽量吃清淡一点；在孕吐出现前，可以吃一些低脂肪、易消化的零食或干性食品，如馒头、面包干、饼干等；同时也应注重蛋白质的摄入，易消化的非肉类蛋白质是较好的选择，如乳制品、坚果、蛋白粉等。

要注意的是，当孕吐严重影响孕妇进食时，为保证胎儿脑组织发育的能量供给，预防酮症酸中毒，孕妈妈每天必须摄取至少 130 克碳水化合物，口味可依个人喜好而定，建议选择易消化的粮谷类、果蔬类，以及食用糖和蜂蜜。

3. 生姜疗法

研究表明，生姜能有效地防止恶心，所以可以尝试含有生姜的产品，如用新鲜磨碎的姜制成的姜茶。发生孕吐时，生姜可能有助于减轻恶心程度，缓解症状。

4. 保持自身轻松，营造舒适环境

孕激素可能令嗅觉更敏感，更易因某些强烈的气味而感到恶心，所以应多休息，避免不适气味。此外，环境的温湿度、噪声、光线等都会造成感官刺激，需要注意。

如果需要药物治疗，请联系专业医生进行诊断后开具适宜的药物，切勿自行服药！希望孕妈妈们尽快结束吐得昏天黑地的生活，拥有舒适愉悦的孕期。

**孕期做好体重管理，长胎不长肉并不难**

一般来说，孕妈妈们都有一个标志性的特点，就是体重增长，这是妊娠期理所应当的事情。但孕期体重的变化也会为孕妈妈们增添烦恼，有的孕妈妈为了保持好身材而不敢多吃，导致胎儿过小；有的孕妈妈却胡吃海喝，使胎儿过大，甚至出现其他并发症。所以，为了母婴健康考虑，孕期一定要做好体重管理。

### 孕期体重增长应适宜

体重增长是反映准妈妈营养状况的最直观指标，与准妈妈的妊娠并发症、宝宝的出生体重等妊娠结局密切相关。为保证胎儿正常生长发育，避免不良妊娠结局，孕期体重增长应保持在适宜的范围内。

一项回顾性研究显示，仅 39.4% 的准妈妈孕期增重在适宜范围内，17.8% 的准妈妈增重不足，42.8% 的准妈妈增重过多。美国医学研究院推荐的孕期适宜体重增长值及增长速率见表 2-1。

表 2-1　美国医学研究院推荐的孕期适宜体重增长值及增长速率

| 孕前体重指数（千克／平方米） | 单胎总增重范围（千克） | 双胎总增重范围（千克） | 孕中晚期增重速率（千克／周） |
|---|---|---|---|
| 低体重（＜ 18.5） | 12.5~18.0 | / | 0.51（0.44~0.58） |
| 正常体重（18.5~25.0） | 11.5~16.0 | 16.7~24.3 | 0.42（0.35~0.50） |
| 超重（25.0~30.0） | 7.0~11.5 | 13.9~22.5 | 0.28（0.23~0.33） |
| 肥胖（＞ 30.0） | 5.0~9.0 | 11.3~18.9 | 0.22（0.17~0.27） |

**注**　体重指数，即 BMI= 体重（千克）/ 身高（米）的平方。

增重过多的孕妇容易使子痫前期、头盆不称、妊娠糖尿病的发生率增加，尤其会使大于胎龄儿发生率增加 143%，还是妊娠并发症如妊娠期高血压疾病、妊娠糖尿病等的危险因素，会增加女性远期发生肥胖和 2 型糖尿病的风险，也是产

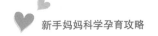

后体重滞留的重要原因，还与绝经后发生乳腺癌的危险性呈中度相关。

而增重不足的孕妇子痫前期、头盆不称和剖宫产率虽较低，但小于胎龄儿发生率增加 114%。

此外，孕期增重不足或过多都可能影响产后乳汁的分泌，不利于母婴健康。

孕前体重正常的孕妈，孕期体重平均增长约 12.5 千克，其中胎儿、胎盘、羊水、增加的血容量及增大的子宫和乳腺属必要性体重增加，为 6.0~7.5 千克；孕妇身体脂肪蓄积 3~4 千克。一般孕早期胎儿还小，加上早孕反应，孕妈妈的体重增长不明显，有的孕妇在孕早期还可能出现体重下降的情况，这是正常现象。注意避免孕早期体重增长过快。如果 BMI < 18.5 或 BMI > 25，建议咨询专业医生或营养师调整。

## 如何做好体重管理

体重管理，就是必须在孕期做好体重的监测，保证适宜的能量摄入达到"长胎"的目的，同时通过规律的运动来使孕妈妈"不长肉"。

研究证实，对孕妇进行以运动和膳食指导为基础的干预，辅以体重监测，可有效减少孕期体重增长，助力孕妈妈长胎不长肉。

1. 孕期体重监测

从备孕时就要开始进行体重监测，体重秤乃是必备工具。

注意每次称重前要排除大小便、衣物的干扰因素，保证数据准确。

检测不用过于频繁，孕早期体重变化不大，可每月测量 1 次，孕中、晚期应每周测量体重，做好记录，出现波动及时与医生或营养师沟通，可根据体重增长速率及孕妈妈当下的体况调整能量摄入和运动水平。

2. 保证适宜的能量摄入

简单来说就是平衡膳食，保证食物的多样化及适宜比例，合理分配营养素，少食多餐。不建议在孕早期大补，要消除"孕妇吃得越多、长得越多，对胎儿越好；活动越少，越安全"的误区，以防体重过度增长。

在保持身体活动水平不变的前提下，推荐孕中、晚期每天的能量摄入比孕前分别增加 300 千卡和 450 千卡（能量可用一些专门记录饮食情况的 App 来计算）。

### 3. 保持规律运动

规律运动不仅能维持孕妇的合理体重，还能帮助孕妇改善情绪、减少抑郁。如果孕期体力活动水平比孕前有明显下降，易导致能量过剩和体重增长过多，妊娠糖尿病和巨大儿的发生率将显著增加，危害母婴健康。

建议所有无妊娠期运动禁忌证的孕妇（可经专业妇产科医生评估）在围生期保持适当的运动。频次和时长：每周进行 5 天，每次持续 30 分钟的中等强度运动，妊娠前无运动习惯的孕妇，妊娠期运动应从低强度开始，循序渐进。运动形式（类型）：有氧运动及抗阻力运动，如步行、游泳、固定式自行车运动等，避免有身体接触、有摔倒及受伤风险的运动，以及容易引起静脉回流减少和低血压的仰卧位运动。妊娠期间，尤其是妊娠早期，避免容易引起母体体温过高的运动，如高温瑜伽或普拉提。建议每周进行 3~5 天的盆底肌训练运动，降低尿失禁风险。

注意事项：运动期间应保持充足的水分供给，衣着舒适，任何运动都应包含热身和舒缓放松环节，警惕运动引起的低血糖，尤其在孕早期。在运动过程中出现任何不适，都应停止活动并就医，有基础疾病或妊娠期并发症的孕妇需要在专业人员指导下进行运动。

##  怀孕不变黄脸婆，准妈妈也要美美哒

怀孕对身体各个部位都会产生影响，孕妈妈的皮肤与孕前相比也会发生改变。雌激素水平大幅上升，导致黑色素分泌过多，皮肤可能产生色斑，色素沉着加剧。

妊娠期不同阶段会出现不同的皮肤问题，部分生理性变化会在产后逐渐恢复正常，如皮脂腺分泌过度活跃、乳晕和脐周色素沉着等；但有些问题将会陪伴终生，变成时光的馈赠，如痘痘留下的瘢痕、严重的面部色沉。

因此，想要保持孕期的肌肤稳定状态，就要做好日常护理，孕期也做美孕妈！

### 孕期护肤的误区

#### 1. 孕期不需要护肤

孕期体内各激素水平波动较大，皮肤的组织结构和营养结构会发生变化，可

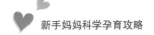

能会敏感、缺水、爆痘、长斑等，不重视护理，可能加速衰老，产后较难补救。

2. 护肤品都会影响宝宝生长发育

化学成分进入皮肤有 3 种途径，角质细胞间隙渗透、扩散进入或通过毛孔和汗腺进入。渗透力强的物质确实会穿过角质层到达真皮层，进入血液，但这仅是很小一部分，正规品牌的护肤品上市前都会经过系列的安全评估以保证使用安全性，只要使用期间没有不适也没有孕妇禁用成分即可。

3. 天然的刺激小

此观点太片面，天然提取物可能成分复杂，不确定成分对会对孕妇有影响，必须要经过专业的萃取提炼、安全的加工工艺、严格的测试评估才可以使用。

4. 提前用油类肯定不长妊娠纹

外用产品能有效防止和改善妊娠纹尚无足够的证据支持，妊娠纹的产生很大程度上受年龄、激素水平及基因等因素的影响，而这些因素都难以控制，病变在真皮层，护肤品的能力真的望尘莫及。"合理的体重控制，管住嘴，迈开腿"才是远离妊娠纹的真谛！

## 如何科学护肤

1. 清洁

清洁类产品在面部停留时间短，正规品牌，不含孕期禁用成分，根据自己肤质变化更换就好。但是要确保质地温和，推荐使用氨基酸洁面产品，避免皂基清洁力过强，破坏皮肤表面的皮脂膜，造成屏障损伤。

2. 保湿

孕期肌肤屏障功能减弱，易缺水干燥，所以保湿是重中之重。建议选择配方精简、不含防腐剂和香精的保湿面霜或乳液，最好含有生理亲和性高的成分，如神经酰胺、角鲨烷、透明质酸等，可以有效增强皮肤屏障功能。另外，别忘记身体护理，尤其是秋、冬季节，做好保湿可以有效减少湿疹、皮肤瘙痒。

3. 防晒

孕期本就易沉积色素，做好防晒可以在一定程度上避免和改善斑点和色素沉着。首先推荐遮挡防晒，如太阳镜、防晒伞、防紫外线帽、面巾等；其次推荐物理防晒霜（含二氧化钛、氧化锌）。

4. 精华

　　孕期护肤最重要的是精简护肤、注重防晒，所谓的孕妇专用护肤品其实大可不必。而有的孕妈妈则希望孕期使用功效型的精华进行护理，根据需求主要分为祛痘、美白和抗衰老三类。精华中，成分是"起效"的关键，接下来重点盘点两类，分别是孕期禁用的成分，以及对孕期友好的成分。孕期能不能用，让你一看成分表就知晓。孕期禁用成分见表2-2，孕期友好成分见表2-3。

表2-2　孕期禁用成分

| 孕期禁用成分 | 效果 | 危害 |
| --- | --- | --- |
| 酒精（乙醇） | 渗透作用 | 刺激性强，损害神经系统 |
| 水杨酸 | 祛痘、平滑肌肤 | 致畸，刺激性大，增加流产概率 |
| 氢醌（对苯二酚） | 美白 | 引起头晕、头痛、耳鸣等症状 |
| 维A酸及其衍生物（A醛：视黄醛；A醇：视黄醇；A酯：视黄醇棕榈酸酯） | 美白、抗衰老 | 致畸，风险程度按顺序依次降低 |
| 二苯酮、二羟基丙酮 | 防晒 | 致敏，严重致流产，有生殖毒性 |
| 尼泊金酯 | 防腐 | 引起孕吐，影响胎儿发育 |
| 邻苯二甲酸盐 | 芳香（常见指甲油） | 致畸，危害胎儿生殖系统 |

表2-3　孕期友好成分

| 孕期友好成分 | 效果 | 针对性 |
| --- | --- | --- |
| 维生素C | 美白 | 祛斑美白，清除自由基 |
| 烟酰胺 | 美白 | 美白，抗衰老，治疗痤疮 |
| 熊果苷 | 美白 | 抑制酪氨酸酶，美白抗氧化，抗衰老 |
| 神经酰胺 | 修护屏障 | 脂质屏障剂，补充皮肤天然成分不足 |

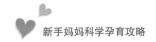

续表

| 孕期友好成分 | 效果 | 针对性 |
| --- | --- | --- |
| 角鲨烷 | 修护屏障 | 天然封闭剂，亲肤性好 |
| 富勒烯 | 修护屏障 | 对抗肌肤内部氧化引发的初老 |
| 尿囊素 | 保湿 | 防止干裂 |
| 透明质酸 | 保湿 | 补水保湿 |
| 甘油 | 保湿 | 滋润肌肤 |

孕期的皮肤护理一般就是遵循"洗面奶 + 水乳 + 防晒"这 3 个基本步骤，以"做好基础保湿，特殊需求暂缓"为原则，尽可能选择成分单一的护肤品，多给皮肤做减法。想化妆的时候也可以美美地化个妆，保持轻松愉悦的心情对自己和宝宝都是一件好事！

## 无痛分娩，也许和你想的不一样

"分娩"是成为母亲的第一步，而"痛"是分娩的主基调之一。自然分娩常使女性感到非常痛苦。曾有人说，如果疼痛总分为 10 分，自然分娩的疼痛分可以达到 9.7~9.8 分。如果把分娩过程比喻成在一片黑暗中寻找光源，那么无痛分娩就是黑暗中的"产妇之光"！

### 什么是无痛分娩

无痛分娩在医学上被称为"分娩镇痛"，是用各种方法使分娩时的疼痛减轻甚至消失，包括非药物镇痛和药物镇痛两大类。其中，椎管内分娩镇痛是目前使用普遍、效果确切、安全性高、可全程镇痛的方式，可最大限度地降低产妇产痛，最小限度地影响母婴结局。

随着舒适化医疗的不断推进，2021 年我国平均分娩镇痛普及率约在 30%，较 2018 年全国不足 10% 有很大的提升，但地域性差距仍然显著（图 2-2）。

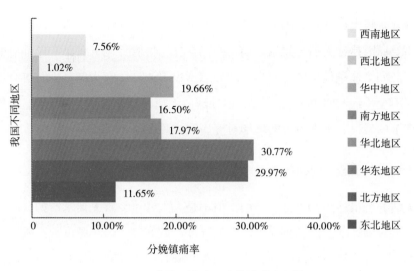

图 2-2 我国不同地区分娩镇痛率比较

无痛分娩可以让产妇不再经历疼痛的折磨，减少产妇分娩时的恐惧和产后的疲倦，在时间最长的第一产程得到休息，保持足够体力来完成分娩过程。但是仍然有不少产妇因惧怕疼痛而选择剖宫产，可见人们对无痛分娩仍存在很多误区。

无痛分娩并非完全无痛

根据患者对疼痛的主诉，将疼痛程度分为轻度、中度、重度（表2-4）。

表 2-4 疼痛程度

| 程度 | 表现 |
|------|------|
| 轻度疼痛 | 有疼痛，可忍受，生活正常，睡眠无干扰 |
| 中度疼痛 | 疼痛明显，不能忍受，要求服用镇痛药物，睡眠受干扰 |
| 重度疼痛 | 疼痛剧烈，不能忍受，需用镇痛药物，睡眠受严重干扰，可伴自主神经功能紊乱或被动体位 |

分娩时的疼痛可达重度，那无痛分娩是不是可以实现完全不痛呢？并不是的。无痛分娩，医学名词是分娩镇痛，英文为"painless labor"。无痛分娩，并非完全"无

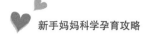

痛"，只是将大部分产妇的分娩疼痛降为可忍受的轻度疼痛。

主要原因是在无痛分娩给药前，产痛存在，椎管穿刺置管是在局部麻醉下进行的；产妇个体条件不同，对疼痛的敏感度也不一样，在无痛分娩时也有可能出现镇痛不全（约12%的产妇出现，但处理后无痛分娩率可达98.8%）；分娩时产妇心理上的恐惧、焦虑也可能增加对疼痛的敏感度。

### 无痛分娩有适宜人群

无痛分娩虽适用于大部分产妇，但不是人人皆可。首先要求产妇自愿，其次应经产科医师评估，以达到最大限度地降低产妇产痛，最小限度地影响母婴结局为目的。首选椎管内分娩镇痛，当产妇存在椎管内镇痛禁忌证时，在产妇强烈要求实施分娩镇痛情况下，根据医院条件可酌情选择静脉分娩镇痛方法，但必须加强监测和管理，以防危险情况发生。一般情况下，不适合无痛分娩的人群见表2-5。

表2-5　不适合无痛分娩的人群

| |
| --- |
| ·凝血功能不全（最常见的禁忌证） |
| ·穿刺部位有感染的情况 |
| ·高颅压，可能导致脑疝而致命 |
| ·麻醉药过敏 |
| ·严重脊柱畸形 |

若准妈妈腰椎间盘突出，得看具体是第几节突出，才能决定能否能进行无痛分娩（图2-3）。若 $L_3$~$L_4$ 突出，可以穿刺 $L_2$~$L_3$ 节；同理，若 $L_2$~$L_3$ 节突出，则可穿刺 $L_3$~$L_4$。总之，每个人的情况不同，医生会在评估后作出合适的方案。

### 无痛分娩对宝宝的影响可忽略不计

有的产妇认为无痛分娩需要注射药物，会对宝宝不利，但其实无痛分娩以维护母亲与胎儿的安全为最高原则。用于无痛分娩的麻醉药剂量非常小，仅为剖宫产使用剂量的 1/10；且药物直接注入椎管内，而不是通过静脉注射，麻醉药会进入母体脊椎的硬膜外腔（图 2-3），只有极少部分会进入母体血液，几乎不会进入宝宝体内。产后哺乳时，麻醉药随乳汁分泌出的剂量微乎其微，对胎儿的影响可以忽略不计。

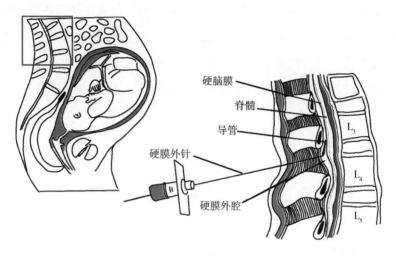

图 2-3　硬膜外麻醉

## 无痛分娩和产后腰痛无直接联系

产后腰痛是接受无痛分娩的产妇最担心的后遗症。研究表明，无痛分娩与产后腰痛两者是没有直接联系的。无论是否使用分娩镇痛，产后腰痛都会发生。产后腰痛的原因见表 2-6。

表 2-6　产后腰痛的原因

| |
| --- |
| ·分娩时的产伤 |
| ·分娩后骨盆韧带处于松弛状态，腹部肌肉软弱无力，子宫未完全复位 |
| ·产后需常弯腰照顾宝宝，增大腰部肌肉的负荷，造成劳损 |
| ·恶露排出不畅引起盆腔血液淤积，诱发疼痛 |

### 无痛分娩并不延长产程

产程是指从规律性子宫收缩开始到胎儿胎盘娩出为止的全过程,临床上分为3个产程(图2-4)。分娩时,有的产妇认为"打了麻醉药,没知觉了",肯定会延长第一产程时间,还怎么用力生宝宝呢?其实,痛感减轻并不意味着感受不到宫缩,麻醉药只是阻滞了痛感神经,但对运动神经没有影响。椎管内镇痛既不会增加剖宫产率,也不会延长第一产程时间。分娩镇痛能减轻分娩前的大部分疼痛,反而能提高子宫收缩效率,使宫颈口变松变软,减少胎儿娩出阻力,所以正常情况无痛分娩不会延长产程,反而有利于分娩。

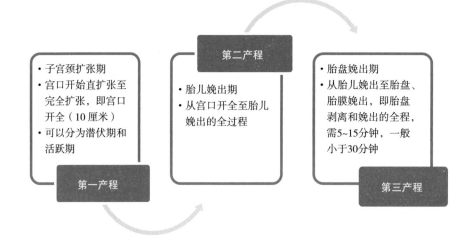

图 2-4 **产程**

无痛分娩可以减轻分娩过程中令人难以忍受的疼痛,正常情况下不会对产程有影响。研究表明,使用无痛分娩的女性能更好地建立亲密的母婴关系,而未使用无痛分娩的女性在6周后更易出现产后抑郁。

但是,无痛分娩也有不良反应,如恶心呕吐、瘙痒、尿潴留等,这些不良反应与分娩疼痛相比,其实已经微不足道了。并且随着生育年龄上升,从产妇健康角度考虑,建议高龄产妇选择无痛分娩。

由此看来,无痛分娩堪称"产妇之光"。

**让小小待产包变成哆啦 A 梦的百宝袋**

关于待产包，网上有很多攻略和购买教程。不停地买买买，荷包越来越扁，到了真正用时却发现，东西没少买，坑也没少踩。

为了给大家避坑，这里给大家整理一份 "超级待产包"—— 哆啦 A 梦的百宝袋。

### 待产包里准备什么

待产包一般指孕产妇去医院生产 3~7 天内需要用到的物品，现在也作为生产期间以及坐月子期间所需各类物品的总称，一般在孕中期开始逐步准备。

为了应对紧急情况，可以先将特别重要的必备物品准备好，主要包括证件材料、妈妈用品和宝宝用品 3 类。

### 证件材料

一般孕妈妈在孕中期就基本确定了日后生产的医院，为避免各家医院（各个地区）需要的证件不一，应首先咨询好该医院入院生产时需要准备的证件。最好事先准备一个透明材料袋，在袋子外面附上清单，准备好的打上"√"，不仅可以防止漏拿，还方便家人随时取用。一般可以按照图 2-5 中的材料提前准备好。

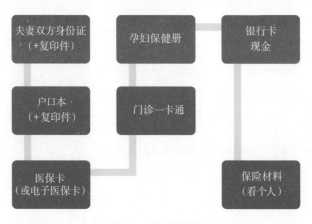

图 2-5 证件材料

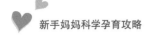
## 妈妈用品

有些物品从待产到后期坐月子可能都需要，坐月子要用的物品晚点准备也来得及。待产期1周内的必备品具体如下，后期坐月子可以视前面使用剩余情况及个人需要进行补充。

吃：高热量、半流质食物（如巧克力），微波炉可用餐具，吸管杯/吸管（产前产后躺着情况较多，必备）。

穿：哺乳内衣×3（前开扣，便于哺乳）、一次性内裤×7、保暖拖鞋、外套（薄厚视天气）、帽子、出院衣服1套（夏天也建议长袖长裤，避免风大着凉）。

个人护理：一次性马桶垫、抽纸1~2盒、湿巾1~2包、毛巾×3、脸盆×3（分别用于洗脸、洗脚、擦身）、吸奶器（电动的，保证"随时随地"都能吸奶，吸奶瓶可以多准备几个，或准备直接连接吸奶器的储奶袋）、储奶袋、衣架若干、产褥垫×10、卫生巾×20片、防溢乳垫、1周用的护肤品量。

其他用品：手机、充电器、洗衣液、妇洗器（顺产）。

非必备用品：孕妇专用牙刷、刀纸、乳头膏、哺乳枕头、束腹带、产妇专用检查内裤，视个人情况购买。

## 宝宝用品

准备妈妈用品还算简单，因为很多都是平时会用到的；准备宝宝的用品，新手爸妈几乎没有经验。宝宝用品主要包括喂养用品、宝宝衣物、宝宝护理3部分。

1. 喂养用品

奶粉：根据各国婴幼儿喂养指南，新生儿推荐母乳喂养，奶粉不需特殊准备。若开奶期奶水不够，可准备小罐奶粉。即使后期纯奶粉喂养，也不建议大量囤货，避免不适合宝宝导致浪费。

奶瓶：至少一大一小两个，新生儿胃口小，小容量奶瓶可避免吸入空气过多造成呛奶；建议选择广口瓶，易清洁；材质方面，玻璃瓶易碎，PPSU耐摔，可根据自身情况选择。若宝宝日后奶粉喂养，可再增加奶瓶数量。

奶嘴：分型号，新生儿用S号奶嘴，日后再换M、L号。

暖奶消毒一体机：加热温奶必不可少，避免冬天宝宝喝着喝着奶就变凉。

奶瓶刷：可根据奶瓶材质选择，PPSU 奶瓶用海绵刷；玻璃奶瓶用尼龙刷。

非必备用品：宝宝的餐具（勺子要买软头硅胶勺）、咬咬乐、奶粉格。

2. 宝宝衣物

衣服：婴幼儿多选择和尚服、蝴蝶衣、包臀爬服等。0~1 岁为宝宝的快速生长期，衣服不用买太多，52 码、59 码各准备 1~2 件，够换洗就好，可视个人情况而定。建议选择连体衣，方便穿脱。

被褥：建议选褓裸型睡袋，防止盖被子捂到宝宝，还可防止惊跳及着凉。

浴巾：2 条，最好选择纯棉或纱布巾。

小毛巾：5~10 条，前期宝宝容易溢奶，方便擦拭；宝宝洗脸、洗臀部、擦嘴的毛巾须分开。

婴儿帽：1~2 顶即可，出门使用。

非必备用品：宝宝的手套脚套、枕头不需准备；蚊帐、包被、婴儿背带、婴儿床可视自身需求购买。

3. 宝宝护理

纸尿裤：月子里用 NB、S 码的，不建议囤货，防止宝宝过敏而不适合。

隔尿垫：建议买大尺寸棉质隔尿垫＋一次性隔尿垫，防止弄脏床单。

尿布台：护腰必备神器。

润肤露：视季节选择，冬季选厚重保湿款，夏季选轻薄款。

体温计：建议选择电子耳温枪，避免水银温度计破裂。

洗澡盆：建议买可折叠大盆，方便收纳。

其他小件用品：湿巾、纸巾、洗发水、沐浴露（建议选择二合一无泪配方的）。

非必备用品：痱子粉不推荐，防止宝宝吸入；水温器、喂药器、指甲钳、吸鼻器、屁屁霜、炉甘石等可按需购买。

##  预产期已到，宝宝千呼万唤不出来

"瓜熟蒂落"乃是自然界的准则，也可以用来形容孕妈妈们十月怀胎后的分娩。然而有的胎宝宝过于害羞，预产期都过了，依然待在妈妈的肚子里迟迟不肯露面，这该怎么办呢？

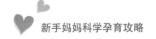

### 什么是过期妊娠

准妈妈若孕前月经周期规律，按末次月经计算孕周，怀孕至 37 周时，就已经是足月了。

那预产期到了，宝宝还没有出生，是不是就是过期妊娠呢？其实并不是。过期妊娠是指孕周达到或超过 42 周仍未分娩。足月妊娠的时间是从 37 周 +0 天至 41 周 +6 天（图 2-6）。

图 2-6  足月妊娠的时间

自然临产的产妇中仅有 5%~12% 恰好在预产期分娩，在预产期前后 2 周内分娩均正常。

过期妊娠产生的原因不明，与多种因素相关，主要包括初产妇、既往过期妊娠史、男性胎儿、孕妇肥胖、遗传因素、胎儿异常如无脑儿和胎盘硫酸酯酶缺乏等。

### 过期妊娠的风险

随着产前保健的规范及产科的合理干预，过期妊娠的发病率逐年下降，但过期妊娠对母婴依然存在危险性。

1. 对胎儿的影响

晚期足月及过期妊娠的胎儿围产病率与死亡率均较高，并随着妊娠的延长而加剧。相较正常胎儿，妊娠 43 周时围产儿死亡率为其 3 倍，妊娠 45 周时围产儿死亡率为其 5 倍，主要表现在以下方面。

羊水过少：发生率明显提高，导致脐带受压、胎心异常、羊水粪染、脐带血

pH < 7.0 等，脐带受压又会造成胎儿窘迫。

巨大儿：风险较之前孕周的胎儿大约增加 2 倍。巨大儿会导致剖宫产和肩难产的发生率增加。

过熟儿综合征：出现似"小老人"的特有外貌，如皮下脂肪减少、缺乏胎脂、皮肤干燥松弛多皱褶、身体瘦长。在过期妊娠时，最大羊水池深度小于 1 厘米的产妇中，过熟儿综合征发生率高达 88%。

胎粪吸入综合征：羊水持续减少，胎粪排入羊水，导致羊水黏稠，进而引发胎粪吸入综合征。

2. 对母体的影响

过期妊娠不仅会使临产的孕妈妈产生焦虑情绪，还会增加分娩并发症的发生风险，包括巨大儿、胎儿颅骨变硬等导致出血、产道损伤；羊水过少可能导致绒毛膜羊膜炎或其他感染；同时提高难产及剖宫产率。

## 关注过期妊娠

预产期到了，宝宝仍然没有动静，千万不可掉以轻心！平日也可以通过一些干预措施避免过期妊娠的发生。

1. 准确判断孕周

过期妊娠是建立在月经周期规律基础上的，正常女性的月经周期变化较大，只靠末次月经时间来确定孕周和推算预产期，常会将正常孕周的妊娠误诊为晚期足月或过期妊娠。而使用超声检查确定孕周，过期妊娠的发生率可由 9.5% 降至 1.5%。所以，准确判断孕周可以降低过期妊娠发生率，而通过临床和早期超声检查可提高确定孕周和预产期的准确率。

2. 进行胎儿监护

孕期应按时做常规的孕检，及时确认胎盘和胎儿的情况。而超过预产期以后，应从 41 周开始进行胎儿监护。从 41 周起死产率显著增加，因此建议从 41 周开始进行胎儿监护。对于不能确诊是否为过期妊娠的孕妇，可每周行胎儿监护，每周 2 次更佳，当然医生会根据产妇的不同情况给出个性化建议。

3. 考虑催产

妊娠 41~42 周就可以考虑催产，42 周时推荐催产。这需要对产妇和胎儿做

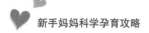

全面的检查，再由医生根据产妇和胎儿的实际情况进行严谨评估，并不是由准爸妈自行决定的。

当然，在此期间千万不要自行选择上下楼梯等不恰当的运动方式来催产，避免准妈妈行动不便发生扭伤、摔跤，甚至跌落楼梯等风险，得不偿失。

# 第三章

产褥期间，

不信习俗信科学

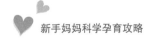
 **拜托婆婆妈妈们，别急着给产妇喝催乳汤**

几乎每个产妇在坐月子期间，都躲不开"下奶"这件事。婆婆妈妈们纷纷登场，展示自己的精湛厨艺，变着花样做"下奶汤"来帮产妇催奶。吃啥喝啥能下奶，变成了产后的主旋律之一，那么传说中的"下奶汤"真的名副其实吗？

误区一：白色诱人浓汤，大补下奶

猪脚汤、鲫鱼豆腐汤、鸡汤，看起来又白又浓，像乳汁一样。老一辈总认为以形补形，浓浓的白汤似乎蕴含无限的营养和精华，喝得越多，产的奶也就越多，这其实都是传统观念中的误区。

浓汤之所以呈现白色，是因为食物中含有的脂肪和蛋白质在烹饪过程中发生了乳化作用。实际上，浓汤的营养价值不高，汤中含量高的反而是对产妇健康不利的物质，如盐、嘌呤、脂肪等，如果产妇持续喝汤，体型就会受到影响，还可能有出现高尿酸、高血压的风险。

误区二：月子酒，下奶妙方

喝月子酒的习俗在很多地方存在，常见的有黄酒炖蛋、米酒奶等，甚至在有些文化中，认为饮酒有利于母乳喂养。但事实上，这些都没有科学依据。从科学角度来说，酒精并不能增加奶量。一方面，当乳汁中有酒精时，宝宝喝奶的量会减少；另一方面，酒精会抑制泌乳反射，让产妇感觉乳房涨，产生"奶变多"的假象，但实际上酒精会使总产奶量下降。

此外，乳汁与血液中的酒精含量基本等同，即使是微量的酒精，也会对宝宝造成伤害，造成睡眠规律被打乱，睡眠时间减少，甚至影响宝宝的神经和大脑发育。同时，产妇饮酒，宝宝发生新生儿猝死综合征的风险会提高。所以，请拒绝月子酒，毕竟酒类即使用于烹饪，也会有酒精残留在食物中。

泌乳的机制

母乳喂养受催乳素（由脑垂体前叶分泌）和催产素（由脑垂体后叶分泌）的

直接影响，雌激素等一些激素间接参与乳汁分泌。婴儿吸吮乳房，神经冲动从乳头传到大脑，所以哺乳才是维持泌乳的关键，尤其是产后前 2 周是建立母乳喂养的关键期。

绝大多数产妇能够产生足够的乳汁以满足婴儿的需求。乳汁合成量与婴儿的需求量及胃容量均有关，乳汁排空是乳房合成乳汁的信号。催产素反射可以促进乳汁排出，如果母亲身体不适或者情绪低落，就会抑制催产素反射，导致乳汁分泌减少，甚至突然停止。如果母亲能及时得到支持和帮助，心情好起来，并且继续哺乳，乳汁分泌也会恢复。

## 科学下奶

产妇的饮食对乳汁生成的影响较小，增加产奶量最关键的是宝宝的频繁吸吮以及乳汁的有效移出。简言之，奶是宝宝吃出来的，母亲树立用自己乳汁喂哺婴儿的信心，家人予以充分支持，配合以适当的喂养姿势以及正确的婴儿含接乳房的方式，才是最科学的下奶方式。当然，产妇的膳食也需要科学安排。

1. 合理增加产妇进食量

人们需要每天摄入一定的能量来维持身体健康，而个体所需的能量取决于其年龄、体重、身高和身体活动程度。当母亲哺乳时，其身体会努力运转以产生乳汁，因此需要额外的能量。哺乳母亲需要比非哺乳母亲吃得更多。产后哺乳期妇女所需的能量摄入与孕晚期接近，推荐摄入量为 2300 千卡 / 天，根据体重不同增减 10%~15%。产后第 1 周饮食宜清淡，少油腻，易消化吸收，可采用流质或半流质食物，少食多餐。产后第 2 周起逐步恢复平衡膳食，并增加能量摄入。

2. 增加液体摄入量

哺乳母亲需要确保自己饮入足量的液体，应养成主动饮水的习惯。每日餐食中应有汤汁或稀粥，可以选择稍微清淡的蔬菜豆腐汤、小米粥等。若产妇出现口干、尿黄等情况，需要饮入更多的液体。部分母亲的体会是，哺乳前半小时喝汤或饮水，哺乳时随时喝汤或饮水均有助于增加奶量，但喝汤或饮水不宜过量。煲汤可选用脂肪含量较低的肉类，喝汤的同时也要吃肉。

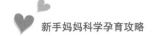

 **坐月子，并不是一直坐着**

"坐月子"算是咱们中国的一大习俗，来源于《礼记》。古代社会等级制度森严，不同等级的女性生完孩子，所遵守的月子礼仪是不同的。其实"坐月子"是为女性设置的礼仪性限制，并不是源于医学。而传到今日，坐月子，似乎被解读成了月子期间不能轻易下床。其实，这种说法是错误的。

### 产后为何需要尽早活动

坐月子，其实不宜长时间躺在床上不动，所谓的"生产后，内脏还没归位，下床走动会引起脏器下垂"并不科学。产后修复确实非常重要，甚至有人说坐月子是女性的一次重生，产后合理的休息与调整是必要的，但是也需要尽早合理安排活动。

产妇在产后初期，血液处于高凝状态，这有利于减少产后出血；但是，这也使产妇成为发生血栓的高危人群，若长期卧床不运动，很容易造成下肢静脉血栓或其他血栓栓塞性疾病，严重的甚至可能导致肺栓塞，危及产妇生命安全。

### 尽早活动的益处

女性在产后及时下床活动，不仅可以加快身体和生殖系统的恢复，对于预防血栓栓塞性疾病也十分有效。产后活动还能改善睡眠质量。有研究表明，产后活动可使产妇有更好的幸福感和更高的生活质量。此外，女性在产后及时下床活动，对降低糖尿病的发病率，控制产后体重，减少产后尿失禁的发生，减轻产后抑郁，提高身体免疫力等均有益处（图3-1）。

### 产后何时可以下床活动

根据分娩方式不同，经医生的安全认证，不存在任何并发症，产妇就可以逐渐下床活动，当然也要根据产妇自身身体状态来衡量。

经阴道自然分娩的产妇，产后应尽早下床活动。

剖宫产的产妇术后及时翻身，拔尿管后即可下床活动。

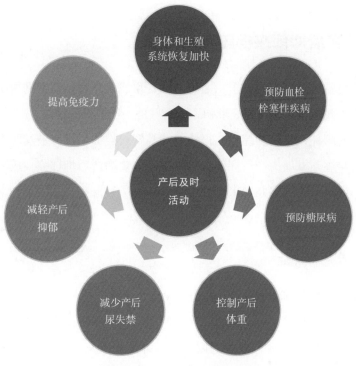

图 3-1 **产后及时活动的益处**

整个妊娠过程中，很多生理变化会持续到产后 4~6 周，产后运动或一些体力活动需要循序渐进，不可刚开始就做过于剧烈的运动。产妇生产后便可以进行盆底肌肉的训练来降低尿失禁的风险；坐月子期间，一定要经常起身活动，散步、走路就是非常适宜的运动方式。但如果产妇在产后存在贫血、伤口感染等情况，进展应该更加缓慢；若产妇在孕前、产前有定期锻炼的习惯，在产后最初几个月也应该降低运动强度，逐渐进行产后运动。

### 哺乳期也能运动吗

产妇在哺乳期可以进行轻至中度的有氧运动，适宜的运动量不会对泌乳产生影响，也不会损害乳汁的质量或宝宝的健康。建议在母乳喂养后进行运动，排空乳汁并选择有足够支持力的哺乳文胸，来避免锻炼时乳房涨奶不适。高强度的无氧运动可能导致母乳中乳酸增加，从而改变乳汁的味道，如果妈妈们锻炼后发现宝宝拒绝食用母乳，可以适当降低运动强度和水平。

## 别让产后抑郁来得猝不及防

人的情绪就像一个五彩盒子，七情六欲、喜怒哀乐都是正常的情绪表现。产后抑郁仿佛离我们很近又很远，最初，可能只是一种消极的情绪，产后常会出现，只要有家人的陪伴、支持和疏导，很快就能缓解；但如果没有被及时发现或经有效处理，就会逐渐发展为产后抑郁状态，进而演化为产后抑郁症，成为一种真正的疾病，不仅对产妇和婴儿带来不利影响，还会引起家庭关系的不和谐，需要就医获得专业治疗。

### 什么是产后抑郁症

产后抑郁症是以抑郁、沮丧、悲伤、哭泣、烦躁、激动、应付能力差为表现，严重者出现以幻觉或自杀等一系列症状为特征的精神障碍，多在产后 2 周内发生，产后 4~6 周症状明显。在全球范围内，产后抑郁症的发生率为 10%~15%，在部分发展中国家的发生率则可高达 50 %。

产后抑郁情绪、产后抑郁状态和产后抑郁症，听起来差不多，但绝对不可等同。三者具有递进式的层级关系，根据出现原因、持续时间和严重程度可做以下层级划分（图 3-2）。

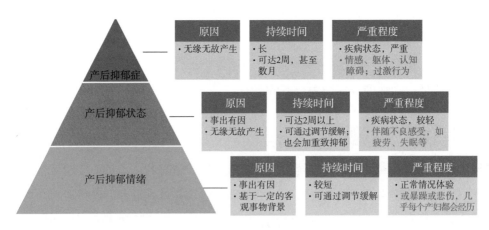

图 3-2　产后抑郁

产后抑郁症不是突然发生的，而是一个渐进的过程。从由抑郁情绪开始，继而长期持续，抑郁状态不断加深。这种抑郁状态可能在怀孕期间就出现，典型的表现为持续出现不明原因的绝望感 / 无力感，严重时出现自杀的意念和行为，部分还会反复出现与自己意愿相违背的伤害婴儿的想法和行为等，对孕产妇的身心健康、妊娠结局、子代发育、家庭和谐都有不利影响。

## 产后抑郁的影响因素

产后抑郁的影响因素可以归纳为 4 类（表 3-1）。

表 3-1　**产后抑郁的影响因素**

| 因素 | 原因 |
| --- | --- |
| 激素影响 | 女性从怀孕到分娩，激素水平变化剧烈，甲状腺激素、孕激素等水平波动，引发抑郁情绪 |
| 遗传因素 | 有家族精神病史的患者，产后抑郁症的发病概率较高 |
| 心理因素 | 从少女到母亲的角色转变、对分娩的恐惧和担心，双重压力导致产后抑郁发生 |
| 家庭社会因素 | 夫妻关系冷淡，丧偶式育儿，社会经济地位、社会支持缺乏等都是导致产后抑郁的危险因素 |

## 产后抑郁的干预

产后抑郁的发生率随着时间的推移呈下降趋势，且产褥期内的产妇抑郁水平较高。对中国产后抑郁人群的分析显示，产后抑郁发生率在分娩后 6 周（产褥期）内最高，这提示产褥期是孕产妇心理健康维护和产后抑郁预防性干预的重要时间点。

1. 尽可能支持

社会支持：产前的健康教育能够帮助孕产妇树立正确的健康观念，减少围生期并发症，加快机体恢复，也有利于降低产后抑郁的发生率。

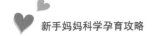

家人参与：家人的支持和尊重十分重要，应共同照顾宝宝，关心产妇的睡眠、工作等，多理解和包容产妇，给予宝宝和产妇同样的关注，让产妇感受到关爱。丈夫是产妇最依赖的对象，需对产妇加倍关心，让产妇更快适应新角色；观察产妇是否出现抑郁的情绪和状态，丈夫的陪伴、理解和帮助，有利于减轻产后抑郁的症状。

2. 运动疗法

运动疗法是通过锻炼来维持、建立、发展和改变运动组织和器官在运动中的功能，从而使身体的各个部分或整个身体进行运动。运动疗法可能使产妇减轻体重并做出有利于健康的积极变化，从而对长期健康产生持久影响。

3. 心理干预

音乐疗法：对人体具有广泛的生理影响，包括心率、呼吸、血压和生理反应的变化，并通过改变情感、认知和感觉来提高情绪，增加控制感和放松感。

正念干预：练习正念（静坐冥想、瑜伽等），使个人对不愉快事件的反应减少，反思增多，从而带来积极的心理结果。

##  产后头发大把掉，如何打好发际线保卫战

俗话说"孩子笑，头发掉"，说的就是产后脱发。很多产妇都会出现这个问题，这种情况在医学上称为"分娩性脱发"，多数是由于产后体内的激素变化造成的。产后头发大把掉，如何打好发际线保卫战呢？

### 什么是产后脱发

头发并不像指甲一样不断生长，而是像植物一样进行周期性生长的。头发的生长周期大致可以分为生长期（约3年）、退行期（约3周）和休止期（约3个月），每个毛囊的生长周期都是独立的。每天我们都会掉头发，也会有新的头发长出。在正常的头发周期中，人每天会掉50~100根头发。

而女性产后脱发属于休止期脱发，这是由于产后体内激素急剧变化导致的。孕期更多的毛囊进入生长期，而产后更多的毛囊进入休止期，是一种正常的生理性变化。

## 产后脱发期有多久

雌激素分泌减少或压力增加、饮食不均衡等均会诱发产后脱发。脱发量通常在分娩后 3~4 个月达到高峰。根据美国皮肤病学会（AAD）发布的提示，随着激素水平等生理状态逐渐恢复稳定，通常 1 年内产后脱发问题可自然消失，平均产后脱发时间为 3.26±0.43 个月。

产后脱发有自限性，分娩后 1 年内头发一般会恢复到孕前状态。当然，新长的头发会比其他头发短，不能马上变得密集，具体的恢复时间和程度因人而异。但也有一部分休止期脱发者，1 年后会发展成慢性休止期脱发，甚至是永久性脱发，这可能与生活习惯以及自身状态等其他因素有关，需要及时就医。

## 产后脱发的误区

### 1. 坐月子期间不洗头
头皮每天都在分泌油脂，油脂黏附了空气中的灰尘，就会造成头发暗淡、干燥、开叉、脱落，产后 1 个月不洗头，油脂和灰尘便会大量堆积，头皮会成为细菌和真菌的繁殖基地，容易引发毛囊炎和头皮感染。月子里不洗头、洗澡，甚至不梳头，这些做法对新妈妈的健康都有很大危害，头发和头皮不能得到很好的呵护，导致头屑越来越多，出现或加剧脱发。

### 2. 生姜能生发
人们之所以认为生姜能够生发，是认为姜汁有刺激性，能促进血液循环，刺激毛囊工作。养好皮肤需要减少刺激，这个道理很多人都懂，那为什么养好毛囊就要无情地刺激它呢？生姜的主要活性成分是姜酚，但目前并没有科学证据表明它有促进头发生长、防脱发的功效。相反，姜酚会抑制毛囊中毛发的生长，并且延长毛囊的休止期，所以可能越用生姜洗头，头发越长不出来。因此，善待自己的头发，不要随意拿它当实验品，尤其是在它脆弱的时候。

## 科学应对脱发

### 1. 保持合适的发型
用力拉紧头发、错误使用吹风机、频繁烫染发等，容易导致发质受损加剧。

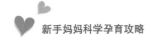

因此在采取措施拯救头发的时候，要避免发质受损，可以尝试保持蓬松发型。

### 2. 采用适宜的洗发水

头皮是人类第二薄的皮肤，应选择成分温和的洗发水，不建议选择清洁力强、对头皮的刺激性强的硫酸盐类洗发水；氨基酸类洗发水相对温和，对养护头皮和头发有好处，但是清洁力稍弱，因此需保持稍高的洗头频率。

### 3. 保持良好精神状态

熬夜、抑郁、精神紧张也会影响头发状态，对脱发起到推波助澜的作用，因此，需要调整心态，减少焦虑，毕竟产后脱发是一种很正常的现象，主要是因为激素波动导致的，有自限性。

### 4. 正确补充营养

影响头发生长的因素有毛囊、蛋白质、热量、维生素、微量元素（表 3-2）。毛发生长的数量和质量与个体的营养状态密切相关。蛋白质、热量、维生素和微量元素的正常供给、摄取和运输是保证毛囊的生物活性的基础。

表 3-2　影响头发生长的因素

| 因素 | 分析 |
|---|---|
| 毛囊 | 数量、大小由基因决定（天生条件） |
| 蛋白质 | 毛发的主要成分（原材料） |
| 热量 | 毛囊有丝分裂的动力源（动力） |
| 维生素 | 与毛囊的生物合成、能量代谢有关（生长素） |
| 微量元素 | 与毛囊能量、免疫、修复有关（修补匠） |

产后可能因为各种原因导致食欲不佳，但刚生产完正是需要大量营养元素补充身体消耗的时机，产妇缺乏营养元素，头发就会受损，易造成脱发掉发。

补充营养不仅要全面，还要适量。美国皮肤病学会研究发现，过量摄入维生素 A 补充剂或药物也会导致可逆性脱发（成年人、4 岁以上的儿童，每天需要补充维生素 A 5000 国际单位，补充剂中可含 2500~10000 国际单位维生素 A）。

5.其他

保证充足的休息，保持心情愉悦，调整好自己的状态，避免焦虑、紧张，这时候家人的帮助是必不可少的。

梳头时选择宽齿的木梳，从前往后轻梳，平时也可用指腹对头皮进行按摩。

##  产褥期不刷牙，口腔疾病找上门

### 产褥期刷牙的误区

俗话说"生一娃，掉一牙"，生完宝宝后，家里的女性长辈会热心地告知一些月子里所谓的禁忌，如让产妇"不要刷牙"，认为"月子里刷牙，牙齿就会松动，喝凉水都痛"。经历过生育的女性确实会出现不同程度的口腔问题，但原因是孕期和月子里都没有保护好牙齿,而月子里如果不刷牙肯定会导致严重的口腔问题。

1.误区一：月子里不能刷牙

产后不敢刷牙或不能坚持每天早、晚刷牙，反而会影响口腔健康。口腔卫生被忽视，导致牙面软垢堆积、菌斑滋生，口腔卫生急剧恶化，容易发生或加重口腔疾病。

进食后，食物残渣黏附在牙齿表面和牙缝中，如果不及时刷牙，会积聚大量软垢，滋生牙菌斑，导致龋齿。在两者共同作用和刺激下，牙龈会充血肿胀，造成出血。长期不重视刷牙，牙体牙髓疾病就会加重，牙槽骨会被破坏，造成牙齿松动，进而形成牙周炎。食物中的糖类发酵后产生的酸和食物中含有的酸性物质会显著降低口腔内的 pH 值，而酸性环境会导致牙齿脱矿，牙齿、牙龈都更易出现各种健康问题。

产后每天进餐量较以往增加，且由于承担哺乳的重任，糖类和高蛋白食物摄取丰富，在补充机体营养的同时，也为细菌的繁殖提供了温床。此外，由于激素水平影响，机体对外界的刺激较为敏感，牙齿、牙龈本就相对脆弱，加上活动时间短，唾液量减少，口腔自洁能力低，如果不认真刷牙，很容易引起口腔问题。

2.误区二：使用月子牙刷

月子牙刷，听上去"柔软温和"，能避免牙龈出血，但实则"鸡肋无比"，

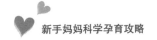

说白了就是一根包裹了纱布或棉布的木片。

牙龈出血的有效治疗方法是清除牙齿、牙龈的细菌和污垢，但月子牙刷完全不能照顾到牙龈周围的角角落落，不能达到良好的清洁效果。无效刷牙会让牙齿、牙龈的污垢沉积，使牙龈出血更严重，炎症也越来越严重。因此，月子牙刷其实并不能解决月子里的牙刷问题，是不折不扣的"智商税"。

### 如何科学刷牙

频率：早、晚刷牙，餐后漱口。

时间：一次 3 分钟左右。

用具：软毛牙刷（根据美国牙科协会建议，刷头长 2.54~3.18 厘米，宽 0.79~0.95 厘米最为适宜）、牙线，使用温水。

方法：产褥期受激素水平影响，口腔内的软组织较为敏感。刷牙应使用巴氏刷牙法，力量轻柔，尽量减少对牙龈的刺激，避免反复横拉和反复上下刷牙龈，以减少牙龈出血。如果条件允许，餐后还要使用牙线将牙齿缝隙内的食物残渣清理干净。

拒绝陋习，远离"智商税"。月子里不刷牙，一个月以后不仅口臭牙黄，还可能伴随更严重的口腔问题。新生妈妈坚持科学口腔护理，培养良好的口腔卫生观念，还有利于帮助孩子建立正确的口腔卫生习惯，控制低龄儿童龋发生的家庭危险因素，减少低龄儿童龋齿的发生。

## 产后失眠的锅，宝宝不背

睡眠可以用来消化白天发生的不愉快，就像一块舒缓膏，抚平白天经历的痛苦，虽然不能完全修复，但也能松口气，使精神和情绪得到舒缓。

《2022 年中国睡眠研究报告》显示，我国失眠发生率高达 38.2%，其中新手妈妈的睡眠问题表现突出。虽然新手妈妈产后失眠非常常见，但也不容忽视。

### 什么是产后失眠

失眠其实是女性生产后的一种常见现象，由于激素水平发生了变化，新手妈妈身心都会发生剧变，失眠只是产后众多变化中的一种。导致产后失眠的因素，主要包括以下几种。

1. 生理因素

（1）产后疼痛

首先，不管是剖宫产还是自然分娩，都或多或少会产生伤口（剖宫产：刀口；顺产：侧切或撕裂），这是最初影响睡眠的重要因素之一。

其次，还有不亚于生产痛的开奶痛，最初的涨奶期以及后续哺喂姿势不规范，都容易引发乳腺炎、乳头皲裂，进而引起失眠。

（2）内分泌失衡

怀孕期间，女性体内雌激素、甲状腺激素等分泌有所增加，生产完又会明显降低，尤其以雌激素表现最明显，呈断崖式下降。

体内激素水平的异常会引发机体内分泌功能的失衡，使神经活动受到牵连，初期表现为头痛、焦躁、四肢无力；继而引起失眠，表现为难以进入熟睡状态、睡眠时间大大缩短。

2. 精神因素

（1）情绪：高亢→低落

产后初期，机体突然从兴奋状态转入疲倦状态，情绪的剧烈变化容易引发失眠。

（2）身份转变

大多数产妇初次分娩，内心紧张不安，突然面对素未谋面的家庭新成员，不知道要以何种方式相处，如何才能成为一个优秀的妈妈，社会身份转变会使人焦虑失眠。

（3）过度思虑

女性本就心思细腻，生产结束后做妈妈的喜悦夹杂着缺乏育儿经验的焦虑不安，这些心理因素的叠加，会造成过度思虑，影响睡眠质量，甚至导致失眠。

3. 外部因素

（1）社会因素

家庭新成员的到来对家庭关系存在影响，如家庭的住房条件、收入情况、与长辈相处情况，这些都会影响产妇情绪，进而引发或加重失眠。

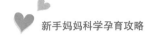 

（2）生活习惯

产后尤其是在月子期，摄入的食物大幅增多，三餐变成六餐，有时觉得不够再来顿夜宵。多吃、少动使得身体日渐增重，胃肠道的负担和日渐粗壮的身材，都会诱发和加重新手妈妈失眠症状。

（3）育儿经验缺乏

刚开始面对柔软的小宝宝，连换尿不湿都会手忙脚乱，心理上就已经受到影响了。宝宝不分白天黑夜用哭声来表达需求，尤其是宝宝的频繁夜醒，会将妈妈的睡眠生物钟完全打乱，加上夜间还需吸奶，再入睡就比较困难；如果再遇到宝宝生病，忧虑更会加重失眠。

## 如何改善失眠

### 1. 缓解疼痛

首先联系医生缓解身体疼痛，其次尽量放松，睡前半小时尽量做一些令自己放松的事情，避免大脑过度活跃，可以洗个热水澡或者进行安静冥想。

### 2. 适当运动

适量的体育锻炼可以帮助新手妈妈更好地入睡，提高睡眠质量。白天可利用碎片时间做一些身体可承受的运动（如凯格尔运动、瑜伽等），尽量避免睡前运动，体温过高或大质皮质兴奋状态会导致新手妈妈难以入睡，加重失眠。

### 3. 调好生物钟

婴儿睡眠时间每天约为 15 小时，成人只需要其一半。新妈妈要尽可能与宝宝生物钟同步，在宝宝睡觉的时候也跟着小睡一会儿，时间不宜过长，否则会影响夜间睡眠。

### 4. 保持乐观

接受现阶段的生活状态，顺其自然，保持乐观的心情，将宝宝的频繁夜醒、喂奶哭闹，当作自己生命中珍贵的经历。

### 5. 饮食习惯

切忌暴饮暴食，睡前加餐可以选择清淡、低脂、易消化的食物，避免增加胃肠道负担，尽量避免饮用大量液体造成起夜，一般建议睡前 3 小时内尽量减少食物摄入。

6.及时就医

如果失眠症状比较严重，经过自我调节无效或情绪波动更大，应该及时求助心理医生，进行适当的心理疏导或药物干预，千万不要自行服用药物！

预防产后失眠的建议

第一，减少亲戚朋友的探望，保证产妇有充足的休息时间。

第二，家人多关心和包容产妇，多承担照顾宝宝的责任，减少产妇的思虑，想得少了自然睡得好。

第三，保证良好的睡眠环境，研究显示，卧室温度是获得高质量睡眠的重要因素，最佳温度是 15~19℃；保持黑暗的环境，触发大脑松果体分泌褪黑素，也有利于改善睡眠。

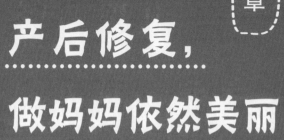

第四章

# 产后修复，
# 做妈妈依然美丽

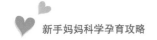

##  产假结束前，恢复小蛮腰

很多妈妈产后会有来自灵魂深处的困扰，少女专属的完美曲线和马甲线都已不复存在，孕前的小蛮腰变成了一团小肉包，松垮得不行。究其原因，最关键的是腹直肌分离，所以腹直肌修复也是产后康复的重要一环。

理论上，产后康复分为3个时期。一是黄金时期（产后42天至6个月），二是理想时期（产后6~18个月），三是有效期（产后18~36个月），其中黄金时期效果最佳。所以，要想找回小蛮腰，应先在黄金时期修复腹直肌!

### 什么是腹直肌

腹直肌在人体腹部前侧正中线的两侧，有左、右各一块，中间以腹白线相连，正常左、右腹直肌相距两指以内。孕期及产后腹直肌会发生变化（图4-1）。

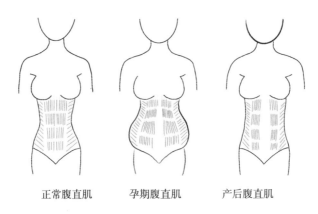

正常腹直肌　　　孕期腹直肌　　　产后腹直肌

**图4-1　腹直肌孕期、产后的变化**

### 腹直肌分离的原因及后果

腹直肌对于维持身体姿势、躯干和骨盆稳定性、呼吸、躯干运动和腹腔脏器的支撑具有重要作用。腹直肌分离后，腹部肌肉力量减弱，躯干力学会发生改变，影响骨盆的稳定性，使整体姿势发生改变，腰椎、骨盆更易受损等（图4-2）。

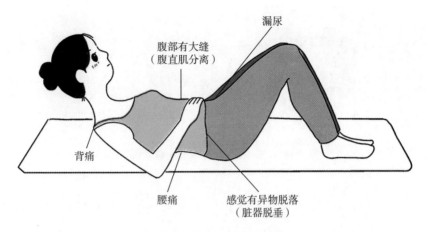

图 4-2　腹直肌分离的后果

腹直肌分离的原因见表 4-1。

表 4-1　腹直肌分离的原因

- 孕期激素水平变化
- 胎儿日益成长导致腹壁承受压力增大，孕晚期腹直肌被拉长，腹白线被拉伸变薄
- 产妇在第二产程中过度屏气可能导致两侧腹直肌的距离增大，出现腹直肌分离
- 其他因素：母亲年龄、胎次产次、分娩方式、体重增加、新生儿体重、种族等

### 腹直肌分离的测量方法和评定标准

目前，腹直肌分离的测量方法和评定标准并不统一。测量方法主要有手指触诊法、卡尺测量法，与超声成像法的准确性无明显差异，较方便，也可以避免计算机断层扫描（CT）和磁共振成像（MRI）有辐射且费用较高的问题。

检查方法：仰卧位，平躺在床上，双腿弯曲；将一侧手放在身体旁，身体向上，抬起头，直到能看到脚（要求肩胛骨稍离开床面，但肩膀不抬起）；用手指或者卡尺分别测量肚脐水平、脐上和脐下一定距离处的腹直肌距离（图 4-3）。

评定标准①：脐上两侧腹直肌分离＞1 厘米，脐水平腹直肌两侧分离＞2.7 厘米，脐下腹直肌两侧分离＞0.9 厘米，满足以上 3 点则为病理性腹直肌分离。

图4-3 腹直肌分离的检查方法

评定标准②：选择肚脐水平、脐上4.5厘米和脐下4.5厘米作为3个测量点，只要有一个位置＞2厘米，就可以诊断为腹直肌分离。

评定标准③：选择肚脐水平、脐上4.5厘米和脐下4.5厘米作为3个测量点，取最大值作为诊断依据，2~3指为轻度分离，3~4指为中度分离，大于4指为重度分离。

## 如何恢复腹直肌

1. 常见误区

（1）仰卧起坐、卷腹

在刺激表层腹直肌时，发力过程中会增加腹内压，进一步将腹直肌向身体两侧拉伸，可能导致腹直肌分离的情况越来越严重。此外，仰卧起坐对腰部施加的压力也极大，易导致或加剧腰背部疼痛。

（2）使用收腹带

使用收腹带时，腹部的软组织挤到一起，会产生收紧感，但这并不代表腹直肌得到恢复，而只是起到固定和支撑的作用。只有经过专业医疗机构评估才可以确认自己是否适合使用收腹带，如剖宫产后为避免腹部的伤口受到牵拉，减轻疼痛，可使用收腹带；或者由于多胎妊娠导致腹壁过度松弛，引起腹直肌分离，在进行康复运动的时候可以使用收腹带；等等。

2. 修复方法

（1）健康饮食

增加蛋、鱼、肉及豆制品等优质蛋白质的摄入。

增加奶类的摄入（每天≥300毫升），多喝清淡的汤水，如蛋汤、蘑菇汤、白菜汤等，但不建议喝老火汤、浓汤。

细嚼慢咽，进食顺序为汤→青菜→饭→肉，进餐结束半小时后再吃水果。

注重饮食多样性，营养均衡，无须"大补"，不挑食，不偏食。

禁止烟酒，减少浓茶、咖啡及刺激性食物的摄入。

（2）运动锻炼

目的：恢复和提高核心肌群的功能，主要作用在腹横肌。恢复腹直肌的运动见表4-2。

表4-2 恢复腹直肌的运动

| 运动 | 动作要领 | 参考图 |
|---|---|---|
| 臀桥 | 仰卧屈膝，双脚平放<br>腹横肌用力，臀部缓慢向上抬再放下<br>每组5~10次，循序渐进，做3组 | |
| 侧卧位腹横肌 | 侧卧，向上向内收腹部<br>保持腹部内收，上面腿弯曲甚至伸直向上抬起<br>每组5~10次，循序渐进，做3组 | |
| 腹式呼吸 | 平躺吸气<br>吸气时腹部鼓起，呼气时腹部收缩<br>一呼一吸控制在10~15次<br>每次5~15分钟，30分钟最好 | 呼气时腹部扁平<br>吸气时腹部鼓起 |
| 凯格尔运动 | 屈膝平躺，放松，吸气时收缩并上提肛门10次，再放松10次<br>15~30分钟为1组，每天2~3组 | |

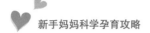
（3）神经肌肉电刺激和手术治疗

根据实际情况可结合神经肌肉电刺激（NMES）、手法按摩等非手术治疗方法。NMES主要是应用低频脉冲电流，使肌纤维参与肌肉收缩，增强肌肉力量，恢复运动功能，很多人通过单纯的电刺激或电刺激结合手法按摩均能获得良好的治疗效果。如果腹直肌分离严重，可能需要通过手术解决，包括腹壁重建术、腹白线折叠术等。

 **赶走妊娠纹，无惧比基尼**

怀孕对身体各个部位都会产生影响，所以皮肤与孕前相比发生改变也不足为奇。妊娠期不同阶段会产生不同的皮肤问题，而孕后期，肚皮像气球一样膨大起来，真皮的弹力纤维也会不堪重负，发生断裂，有可能出现妊娠纹。

### 什么是妊娠纹

妊娠纹在医学上称为"皮肤扩张纹"，又称"膨胀纹""牵拉纹"等，发生于怀孕期间。妊娠纹是结缔组织变化导致的，皮肤因弹性纤维变性而脆弱，再受过度伸张而断裂，造成皮肤纤维"裂开"的现象，早期表现为暗红色或紫红色的条纹，然后色素脱失、萎缩，稳定后呈现出一种白色或银色的皮肤损害（图4-4），常见于胸部、腹部、臀部和大腿上。

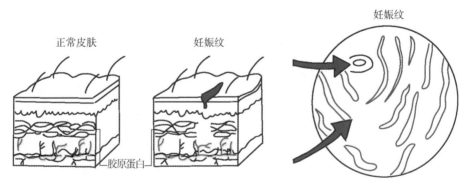

图4-4 妊娠纹的形成

妊娠纹的发生率取决于纳入研究范围的人群，文献报道的普通人群中妊娠纹的发生率为 50%~90%。目前一般认为妊娠期间皮肤张力的改变及激素的变化是妊娠纹发生的主要原因。

## 妊娠纹的影响因素

### 1. 遗传因素

如果孕妈妈的母亲或姐妹在怀孕期出现妊娠纹，那么她出现妊娠纹的可能性更大；如果自己青春期出现过生长纹，那么出现妊娠纹的可能性也更大。

### 2. 自身因素

妊娠纹的出现，本质上与孕妈妈的皮肤张力改变有关，主要包括体重、腹围、年龄及药物因素影响。

*体重*：是引发妊娠纹最重要的因素，主要包括孕前高 BMI、孕期体重增加太多或太快。妊娠期体重增加太多或太快甚至会增加水肿或患其他内科疾病的可能。因此，孕期做好体重控制，即使是天生易产生妊娠纹体质的孕妈妈，也能在一定程度上降低妊娠纹产生的概率。

*腹围*：身体堆积脂肪处较易产生妊娠纹。妊娠期腹围膨胀的比率最大，因此腹部最容易形成妊娠纹。除了腹部，还包括乳房涨大撑开的皮肤周围、大腿内侧及臀部等。妊娠纹往往由身体中央向外呈成平行状或放射状分布。

*年龄*：怀孕时越年轻，越易发生妊娠纹。20 岁以下女性在发育时可能具有"更高风险"，由于年轻皮肤中的原纤维蛋白脆性较高，更易断裂，形成妊娠纹。

*药物因素*：长期使用类固醇（激素类药使用者）。

### 3. 宝宝因素

宝宝体重越重，长妊娠纹的概率就越高。

若怀有多个胎儿（多胎妊娠），则皮肤扩张更严重，产生妊娠纹的风险更大。

## 科学处理妊娠纹

妊娠纹对身体局部的生理功能没有影响，也不会恶变。即使不干预，妊娠纹也很少会清晰如初。家族遗传因素的影响无法改变，但产妇的 BMI、体重的增加、腹围的增长等都是可以通过饮食和医美技术来处理的，推荐以下两种模式。

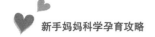 

### 1. 高效模式

即医学美容，如激光技术（YAG 激光、脉冲染料激光、准分子激光、点阵激光等）、射频技术、浅表皮肤磨削术等，主要围绕两点进行：改善受累皮肤的颜色差异，恢复皮肤原有的正常肤色；改善皱缩皮肤的纹理差异，恢复皮肤原有的紧致弹性。但技术性干预在处理后可能会出现一些轻微副作用。因此，一定要去正规的医疗机构进行美容治疗，才能安全有效。

### 2. 高性价比模式

控制体重可以从运动和饮食两方面入手。孕期体重应渐进式增加，饮食要适量，尤其是怀孕中后期，更要把握"重质不重量"的原则，控制脂肪及碳水化合物的摄取，不仅能做好体重管理，也可降低妊娠纹发生的概率。此外，孕期适量运动，多补充水分，有助于改善皮肤弹性。

##  预防和治疗妊娠纹的误区

### 按摩霜 / 油 / 膏

各种按摩霜 / 油 / 膏可能有一定的皮肤护理作用，但对于已生成的妊娠纹来说，效果一直未得到临床试验支持。现在的植物按摩油往往宣称加了很多特殊的安全成分，如果宝妈一定要尝试植物按摩油，在涂抹皮肤前，请先进行皮肤敏感测试。

### 药物

预防妊娠纹的常见药物成分为维 A 酸（视黄醇），它有助于促进胶原蛋白和弹性蛋白的产生，自然也有助于预防妊娠纹，临床试验证实有效。但是由于维 A 酸具有致畸作用，在怀孕期间请勿使用。

### 托腹带

因为担心身材走形而使用托腹带是没有必要的，托腹带使用不当，不仅自己不舒服，还会压迫子宫，影响胎儿的正常发育，应谨慎使用。

##  盆底肌修复，什么时候开始做效果好

女性在生产前后身心都会发生剧变，身体的直观表现在于骨骼和肌肉。十月怀胎，为了适应生理变化，身体的重心也在不断调整，腰背部负重不断加大，肌肉弹性减弱。盆底肌就像一个网袋，把尿道、膀胱、阴道、子宫、直肠等脏器紧紧吊住。分娩时，盆底肌过度伸展，部分肌纤维断裂，就好像吊网的线断了或失去弹性，从而出现每个妈妈都逃脱不了的盆底肌松弛。

### 为什么需要修复盆底肌

盆底肌的作用见图4-5。盆底支持组织结构薄弱，盆底肌松弛会造成阴道松弛或下垂，导致盆腔脏器移位并引起盆腔脏器功能异常，出现盆底功能障碍性疾病（PFD）。盆腔器官脱垂、膀胱括约肌松弛导致漏尿等都是主要表现，严重影响女性的日常生活质量，甚至可能引起焦虑、抑郁等。

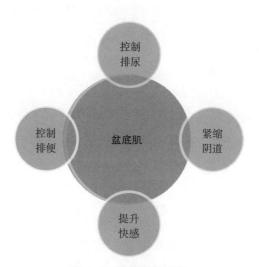

图4-5 盆底肌的作用

子宫的增大和母儿重量的增加：肛提肌处于一种超负荷的收缩状态，导致肌肉无力，尿道移动度增加，影响膀胱和尿道的血流量和神经支配，出现盆底功能障碍。

孕期激素的变化：孕激素和松弛素的增高降低了输尿管、膀胱、尿道的张力。

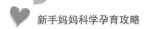

胶原蛋白的改变：胶原蛋白拉伸性能的降低和含量的减少促进了盆底肌肉支持功能的下降。

分娩的影响：阴道分娩过程中，软产道及周围的盆底组织极度扩张，造成盆底神经、肌肉的极度牵拉、耻骨宫颈筋膜的撕裂损伤，直接或间接地破坏盆底筋膜支持结构及阴道壁。

## 何时修复盆底肌

产后盆底肌修复是指综合运用相关康复治疗技术，恢复、改善或重建女性在妊娠和分娩过程中受损盆底肌的有关功能，预防和治疗盆底功能障碍性疾病。

那么盆底肌修复什么时候开始做呢？产后康复的黄金时期为产后42天至6个月，而盆底肌修复最重要的时期是产后6周，可使产妇阴道恢复原有的敏感性及大小，降低盆底功能障碍性疾病的发生率，对盆底肌最大肌电位、子宫脱垂及压力性尿失禁达到最好疗效。

盆底组织的重塑过程应贯穿整个围生期，而产后尽早进行康复治疗可明显改善女性盆底功能，因此产后恶露干净之后就开可以始进行盆底肌康复治疗。

## 盆底肌如何修复

1. 盆底功能评估

重视产后42天的检查。采用盆底肌电生理检测，内容包括Ⅰ、Ⅱ类肌纤维肌力与肌纤维疲劳度、阴道动态压力等，以评估盆底肌损伤情况。

2. 盆底肌修复方法（表4-3）

运动方法：传统盆底肌训练，以凯格尔（Kegel）运动为代表，此外还包括瑜伽、腹式呼吸等。

物理治疗：阴道哑铃训练、盆底生物反馈疗法、盆底电刺激疗法、盆底磁刺激疗法。

盆底肌功能障碍：建议就医，接受盆底康复中心专业康复训练，同时联合居家训练治疗。

盆底肌功能正常：保持居家运动训练。

表 4-3   盆底肌修复的方法

| 项目 | 动作要领 | 参考图 |
|---|---|---|
| 腹式呼吸 | 平躺吸气<br>吸气时腹部鼓起<br>呼气时腹部扁平 | |
| 凯格尔运动 | 屈膝平躺，放松，吸气时收缩并上提肛门 10 次，再放松 10 次 | |
| 阴道哑铃 | 将阴道哑铃放入距阴道 2 厘米处，适应保持，尝试左、走、上楼梯等锻炼 | |

## 盆底肌修复的注意事项

### 1. 顺产和剖宫产都会引起盆底松弛

不少人认为"顺产才会引起盆底肌松弛，剖宫产不会"，但这是错误的。胎儿在顺产的过程中确实会扩张产道，但盆底肌松弛是在怀孕的过程中逐渐发生、逐渐加剧的，所以阴道松弛和漏尿等现象，不能让顺产来背锅。

### 2. 康复机构水平良莠不齐

产后康复服务主体的水平参差不齐，其中包括医疗机构、产后康复机构等。某些产后康复机构的工作人员仅进行短暂的培训就上岗，没有系统学习产后康复知识。因此，尽量在医疗机构进行盆底修复，部分地区盆底修复已纳入医保范围。

### 3. 把握好治疗的度

很多产妇做产后修复是一时激情。刚开始一腔热血，不管是运动还是仪器辅助都相当规律，恨不得把宝宝都扔在一边；但激情过后，在医院做完治疗，回家就躺平了，坚持不下来。要记住，居家的日常训练更为重要！

# 第五章

# 哺乳阶段，
# 关键问题要注意

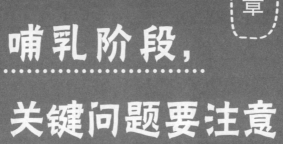

 **初乳颜色黄黄的，是不是有问题**

母乳是婴儿的最佳食物来源，国际社会也提倡母乳喂养（婴儿出生后前 6 个月纯母乳喂养，且继续母乳喂养至 1 周岁以上）。

母乳成分复杂，几乎含有婴儿所需的全部营养，包括常量营养成分和微量营养成分，并且成分会随着泌乳分期、喂养方式及个体差异不断变化。

女性生产后，乳房便开始分泌乳汁，在母乳喂养期间呈阶段性变化，分为初乳、过渡乳、成熟乳和晚乳（图 5-1）。

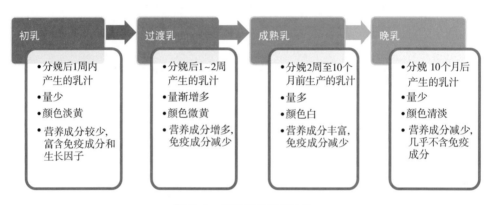

| 初乳 | 过渡乳 | 成熟乳 | 晚乳 |
|---|---|---|---|
| • 分娩后1周内产生的乳汁<br>• 量少<br>• 颜色淡黄<br>• 营养成分较少，富含免疫成分和生长因子 | • 分娩后1~2周产生的乳汁<br>• 量渐增多<br>• 颜色微黄<br>• 营养成分增多，免疫成分减少 | • 分娩2周至10个月前生产的乳汁<br>• 量多<br>• 颜色白<br>• 营养成分丰富，免疫成分减少 | • 分娩 10个月后产生的乳汁<br>• 量少<br>• 颜色清淡<br>• 营养成分减少，几乎不含免疫成分 |

图 5-1　母乳的阶段性变化

妈妈们最开始分泌的乳汁，就是初乳。它颜色淡黄，量少。某些地区或人群受传统观念影响，认为初乳颜色、质地都和成熟乳不一样，含有孕妇体内的很多毒素，于是把初乳挤出来弃掉，不给宝宝吃。这其实是一个很大的误区，初乳成分极为珍贵，是"母乳中的黄金"。

初乳的成分及作用

初乳是指产后 7 天内分泌的乳汁，初乳的成分中，相较于成熟乳，所含蛋白质、维生素和矿物质较多，还含有多种抗体和细胞因子，尤其含有分泌型 IgA（sIgA），是目前所知的最有效的天然免疫促进剂；还含有寡聚糖、乳铁蛋白、胃饥饿素等生物活性物质，对新生儿的生长发育有重要意义。

初乳所含脂肪和乳糖量较成熟乳少，但这也是它极易消化的原因，因此初乳是新生儿早期最理想的天然食物。

**1. 富含维生素与矿物质**

初乳一般是黄色的，主要因为它含有丰富的 β - 胡萝卜素。初乳富含大量维生素，如维生素 A、维生素 $B_1$、维生素 $B_2$、维生素 $B_6$、维生素 $B_{12}$、维生素 D 等，有助于减轻感染，其含量主要受母亲膳食摄入影响，这也是孕妇应注意补充复合维生素的原因之一。此外，初乳还含有丰富的钙、铁、镁、锌等，有助于宝宝视觉发育。

**2. 富含免疫蛋白及生长因子**

（1）sIgA

sIgA 是人体黏膜免疫最重要的抗体，是消化、呼吸、生殖系统抵御病原入侵的第一道免疫屏障。在哺乳的最初期，sIgA 像是新生儿免疫学的一剂"强心针"，为新生儿尚未发育成熟的免疫系统提供额外的支持。

初乳中 sIgA 含量最丰富，浓度可达 10 克 / 升，是特异性抵抗口腔链球菌抗原的重要抗体，5 天后其浓度断崖式下降，不足 1 克 / 升。

研究证实，经初乳喂养的新生儿，腹泻、呼吸道感染、败血症等发病率明显降低。

（2）乳铁蛋白

作为乳汁中一种重要的非血红素铁结合糖蛋白，乳铁蛋白主要由乳腺上皮细胞表达和分泌，在初乳中浓度为 6~8 克 / 升，而成熟乳中的含量为 2~4 克 / 升。乳铁蛋白可以响应各种生理和环境的变化，能抑制致病菌吸附口腔黏膜，是先天防御系统的关键成分，还能调节机体铁代谢，对机体抗炎和抗氧化有重要作用，如预防新生儿贫血、预防败血症等。

（3）生长因子和细胞因子

初乳中含多种生长因子和细胞因子，前者调节细胞的增殖与分化，后者主要调节免疫功能，对产后早期的新生儿发育中具有独特的生物学作用。例如，表皮生长因子（EGF）能被消化道吸收，促进远端器官生长；转化生长因子 - β（TGF- β）可维持肠道内稳态，调节炎症，降低变态反应的风险，降低新生儿患湿疹的概率。

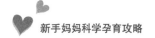

### 3. 营养比例易吸收

蛋白质、乳糖、矿物质、密度在初乳中含量最高，并随泌乳时间延长逐渐降低，而脂肪、能量在初乳中含量最低，于产后第 2 周逐渐升高，既满足了新生儿早期体格生长发育的需求，也符合其消化系统及免疫系统的发展规律。

### 4. 多种其他活性物质

初乳中还含有 200 种以上的寡聚糖，其作为益生元和免疫系统调节剂，可加强宝宝肠道和大脑发育，干扰致病菌与口腔黏膜吸附，降低中耳炎和下呼吸道感染风险。初乳中还含有胃饥饿素、瘦素等具有生物活性的激素：胃饥饿素能够促进食欲，增加食物摄入，维持能量的动态平衡，促进脂肪沉积和体质量增加水平，与宝宝出生体重、身长、头围正相关；瘦素以脂肪球的方式由乳腺的上皮细胞分泌，在促生长和脑发育方面发挥重要作用。

## 初乳的认识误区

不少人对初乳的认识存在误区（表 5-1），一定要注意！

表 5-1　初乳的认识误区及正解

| 初乳的认识误区 | 正解 |
|---|---|
| 初乳量太少，宝宝吃不饱 | 新生儿胃容量小，初乳可基本满足宝宝需求 |
| 不母乳喂养，初乳也不要吃 | 初乳营养丰富，不母乳喂养也可以吃 |
| 给新生儿吃牛初乳 | 牛初乳与人初乳结构不同，牛初乳中的 IgG 不适合新生儿，还会造成肾脏负担，有过敏的风险 |
| 初乳颜色有变化就不能吃了 | 母乳颜色与妈妈进食食物关系密切，不需过分担心（如颜色奇怪，不放心，可咨询医生） |

准妈妈在怀孕 2~3 个月的时候，身体就已经开始酝酿初乳，为宝宝提前准备这份珍贵的礼物，可能有的准妈妈在怀孕后期乳头就会分泌透明或黄色的液体，这也是初乳，只不过时候未到初乳不能源源不断产生。

所以，请科学看待初乳，珍视这份礼物！

**奶水少，不要慌，科学做法来帮忙**

俗话说得好，"金水银水不如妈妈的奶水。"宝宝获取营养的方式需要慢慢从宫内依赖母体营养转变为宫外依赖食物营养，而来自母体的乳汁是完成这一过渡的最好食物。

母乳既可提供优质、全面、充足和结构适宜的营养素，满足婴儿生长发育的需要，又能完美地适应其尚未成熟的消化能力，并促进其器官发育和功能成熟。

### 分娩结束没奶水，可能是没开奶

根据世界卫生组织（WHO）、联合国儿童基金会（UNICEF）和其他国际组织的相关建议，产后应尽早开奶（图5-2），坚持新生儿第一口食物是母乳，有助于新生儿肠道功能的发展并提供免疫保护，减轻黄疸、体重下降和低血糖的发生。

开奶过程中不必过分担心新生儿是否饥饿，在出生时，其体内会有一定的能量储备，可满足至少3天的代谢需求。

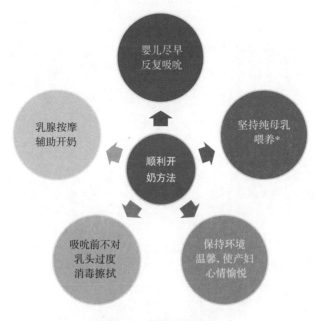

图 5-2 顺利开奶方法

**注** ＊基于遵循个人意愿及条件允许前提下。

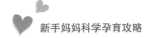 

开奶期间要密切关注宝宝体重，体重下降小于出生体重的 7% 时，建议纯母乳喂养。

环境温馨、心情愉悦、精神鼓励、乳腺按摩等辅助因素，都有助于顺利开奶。

### "真没奶"还是"假没奶"

由于任何其他食物的喂养方式都不能与母乳喂养相媲美，于是"奶水多不多"似乎成为外人评判宝宝长得好不好的唯一标准。

产妇受激素水平影响，本来就容易心情低落，要是再被说"没奶""奶没营养"等（图 5-3），更容易陷入焦虑、抑郁的怪圈，到时"假没奶"就可能变成"真没奶"了。

图 5-3　产妇被说的常见话语

"假没奶"的一般表现见表 5-2。

表 5-2　"假没奶"的一般表现

| |
| --- |
| • 宝宝身高、体重不理想（但在自己的生长曲线内） |
| • 吃奶次数或时长突然增加 |
| • 宝宝情绪烦躁，扯乳头 |
| • 喷奶反射减少或消失 |
| • 乳房变得松软 |
| • 宝宝吃完奶后仍在寻找东西吸吮 |
| • 宝宝频繁哭闹 |

乳汁分泌量充足的表现（0~6个月）见表5-3。

表5-3 乳汁分泌量充足的表现（0~6个月）

- 婴儿每天能够得到8~12次较为满足的母乳喂养

- 哺喂时，婴儿有节律地吸吮，并可听见明显的吞咽声

- 出生后最初2天，婴儿每天至少排尿1次

- 如果有粉红色尿酸盐结晶的尿，应在出生后第3天消失

- 从出生后第3天开始，每24小时排尿应达到6~8次

- 出生后每24小时至少排便3次，每次大便应多于1大汤匙

- 出生第3天后，每天可排软黄便4~10次

## 判断母乳摄入量的标准

母乳喂养时，母乳摄入量并不是将乳汁挤出称重来估计婴儿的摄乳量，而是通过观察婴儿的情绪、尿量或通过称量婴儿摄乳前后的体重来判断母乳摄入是否充足。

婴儿摄乳量受到多种因素的影响，但主要取决于婴儿自身的营养需要。一般婴儿每天能尿湿五六个纸尿裤，就说明能吃饱。

顺应喂养，按需喂养，建立良好的生活规律，定期测婴儿的身长、体重、头围，标记在WHO儿童成长曲线上，就可判断婴儿的成长是否正常。

只要婴儿生长发育正常（个体差异大，在自己的生长曲线上即可），就说明其饮食量足够。如果婴儿哭闹明显不符合平日进食规律，应该首先排除非饥饿原因（如胃肠不适），若增加哺喂次数只能缓解婴儿的焦躁心理，无法使婴儿得到完全安抚，则应及时就医。

## 促进乳汁分泌的关键

● 婴儿出生后应尽早让其吸吮母乳，勤吸吮可帮助新生儿建立和强化吸

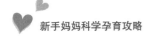
吮、催乳激素、乳腺分泌三者之间的反射联系，为纯母乳喂养的成功夯实基础。

● 必要时可以通过吸奶泵辅助，增加吸奶次数。

● 宝宝正确的衔乳姿势及妈妈恰当的哺喂方法。

● 分娩后要合理安排产妇饮食、休息和母婴接触，母亲身体状况良好和营养摄入充足是乳汁分泌的前提。

● 精神放松、心理愉快是成功母乳喂养的重要条件，家人的鼓励和支持也是成功母乳喂养的必需环境。

奶水少不少，别人说了可不算！婴儿之间的个体差异巨大，只要宝宝能吃能睡，符合自身的生长曲线；妈妈心情愉悦，饮食平衡，顺应婴儿表现出的饥饿反应进行哺乳就好，不必一味追求奶水多。培养宝宝良好的饮食和睡眠习惯，才能更好地兼顾足量摄乳、睡眠、生活规律等多方面需要。

##  哺乳期感冒发热，还能喂奶吗

人人都会生病，尤其是哺乳期的妈妈，身体经历了怀孕、分娩的重大历程，身份上也要从女孩转变为新手妈妈，更是难敌细菌病毒的入侵。而在哺乳期的妈妈们，常多汗体虚，最常见的疾病就是感冒发热，这时候还能哺乳吗？

### 走出误区

☹ 发热会使乳汁变质。

☹ 发热时，体温超过 38.5℃就不能哺乳了。

☹ 发热了要硬抗，最好不吃药。

以上都是常见的误区和谬论。

发热并不是一种疾病，不能以是否发热作为能否哺乳的前提条件。发热只是某种疾病表现出来的一种症状而已，是机体的一种抵抗感染的机制。

"变质"的关键在于微生物的大量繁殖。而人体是一个复杂的整体，乳汁在乳腺中不停地经历着"分泌—排出—重吸收"的过程，时刻都在循环变化，无论发热到多少摄氏度，都不会影响乳汁的质量，只不过可能因为水分丢失使乳汁中的钠离子浓度升高，口感上会有一些变化，但不存在健康方面的风险。

所以，"体温超过 38.5℃就不能哺乳"之类的谣言也就不攻自破了。体温超过 38.5℃，其实只是临床上建议服用退热药的一个指征，哺乳期发热也是可以吃退热药的。

### 消除疑虑

通常作为新手妈妈，一旦感冒发热，最担心的就是影响宝宝，这时候哺乳就带来两大疑虑：一是会在哺乳的时候把感冒传染给宝宝吗？二是感冒发热时（尤其是体温超过 38.5℃时）吃药，对宝宝有影响吗？下面将——为您解答。

会传染吗？ 能吃药吗？

### 是否会传染

感冒发热通常是由病毒感染引起的，此时哺乳，病毒是否会经过乳汁传染呢？答案是一般不会。

如果是普通感冒，病毒在上呼吸道增殖，经飞沫传播，不会到达血液及乳汁。但近距离接触是感冒传染的主要途径，所以哺乳期妈妈感冒后要注意自身清洁，勤洗手，保持空气流通，哺乳时戴上口罩，可以直接喂奶。

若是流感病毒感染，也不会经乳汁传播，且母乳喂养可减少婴儿呼吸道感染的发生，但由于发病最初的 2~3 天病毒传染性强，应暂时避免母婴同室，避免直接哺乳；但可以将乳汁吸出或挤出，由他人通过奶瓶哺乳，乳汁也无须消毒。妈妈在流感后期症状消失，解除母婴隔离（图 5-4）后，哺乳前进行洗手、洗脸、戴口罩等措施，就可以直接哺乳。

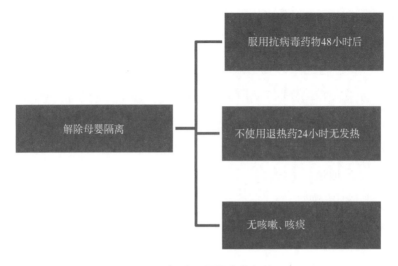

图 5-4 解除母婴隔离的条件

### 能否吃药

答案是肯定的，能吃药！哺乳期要在医生的指导下用药。

当然，物理降温是首选方式，简单且有效。但持续发热会导致妈妈们出现乏力、肌肉酸痛等不适症状，如果强撑会影响精神状态，对泌乳量也有影响。

美国妇产科协会推荐使用对乙酰氨基酚退热，若为流感引起，在发病 48 小时内开始进行抗病毒治疗，可减少流感并发症，降低病死率，缩短住院时间。

抗病毒药物最常见的为奥司他韦，哺乳期间抗病毒药物安全性的数据有限，目前认为奥司他韦及其活性代谢产物很少排泄到母乳中，用药不影响母乳喂养。

哺乳期生病，确实十分难捱，当出现感冒发热时，妈妈们请尽量做到以下几点。

- 放轻松，多休息，勤喝水，补充身体丢失水分。
- 及时就医不硬抗。
- 遵医嘱对症用药。
- 体力不能负荷时，不必强求持续哺乳。
- 乳汁需及时排出，维持泌乳状态，避免堵奶。

## 哺乳期安全用药，这些原则要知道

国内外都建议母乳喂养，而很多新手妈妈，尤其是纯母乳喂养方式的宝妈可能会受到"是药三分毒"的影响，当自己在哺乳期出现身体不适时，第一反应是护住宝宝的"口粮"，生病了也不吃药，咬牙硬抗；而有的妈妈担心如果服用药物，药物肯定会通过乳汁影响宝宝，所以狠心断奶。

其实哺乳期用药小心谨慎是没错，但有的疾病不尽快治疗对母婴都是不利的，可能使妈妈的精神状态变差，甚至会减少乳汁的分泌。

作为新时代学习型的妈妈，要掌握哺乳期安全用药原则（图5-5）。

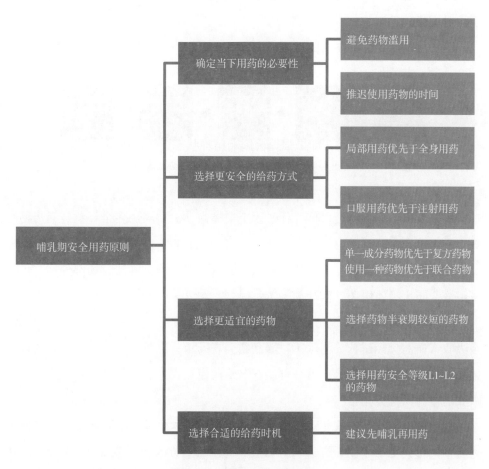

图 5-5　哺乳期安全用药原则

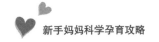

### 确定当下用药的必要性

避免药物滥用：哺乳期，毕竟是人体的特殊时期，如普通的感冒，程度较轻的话，其实是有自愈性的，不需要使用感冒药，多喝水多休息一般能应付。

推迟使用药物的时间：若宝宝是早产儿或处于新生儿阶段，肝肾功能发育不健全，胃肠道功能也不稳定，哺乳妈妈若确实需要用药，可咨询医生，在不影响身体健康的情况下是否能推迟用药的时间。毕竟婴儿年龄越大，所承受的药物风险就越小。

### 选择更安全的给药方式

若哺乳妈妈所患疾病确实需要用药治疗，应该优先选择更安全的给药方式，确保对宝宝的影响降到最低，关键在于局部用药优先于全身用药，口服用药优先于注射用药。

药物从母体到宝宝体内的过程见图5-6。

图5-6 药物从母体到宝宝体内的过程

可以看出，药物经过母体乳汁进入宝宝体内，需要经历多个环节，而药物经吸收进入母亲血液就是第一道大关，决定这个关卡的正是给药方式。

给药方式有许多种，常见的有口服、肌内注射、静脉滴注、局部外用（包括滴眼液、雾化吸入用药、软膏剂等）。

经过静脉给药的方式，药物会直接进入血液，可达到100%吸收；口服给药，在吸收入血前会经过首关消除（口服药物会在肠道或肝脏被部分代谢，导致进入体循环的实际药量减少）；软膏剂经皮肤给药也会在皮肤保护屏障处"历劫"，吸收的量会大打折扣。

口服和外用给药方式相对于静脉途径给药，进入血液的量要少很多，从而进入乳汁的量就更少了。研究表明，口服和外用给药方式，一般仅有不到1%的药量最终进入母乳，被婴儿摄入体内。

### 选择更适宜的药物

**1. 单一成分药物优先于复方药物，使用一种药物优先于联合用药**

从 19 世纪 70 年代，国内外就开始对乳汁中的药物浓度进行研究，鉴于医学伦理原则，很难将哺乳期的妇女及婴儿作为研究对象。单一成分往往更易获得药物安全性评价，而复方制剂中成分多，中药方剂成分复杂，不便于乳汁的药物浓度研究。因此，为了避免哺乳影响，应尽可能选择单一成分的药物，避免使用复方制剂或复杂的中药方剂；同样，在治疗疾病时，能选择单药治疗的尽量不多药联用。

**2. 选择药物半衰期较短的药物**

半衰期是血液中的药物浓度下降一半所需要的时间。从药理学专业角度来看，药物需要经历 5 个半衰期才能从体内基本消除。所以，半衰期越短，消除需要的时间就越少，也越不容易在体内（尤其是乳汁中）蓄积。

这样妈妈就能在哺乳结束后服药，到下一次哺乳时，体内药量已经很少了，对宝宝的影响也较小。

所以，在确定了选择的药物类别时，应尽可能选择半衰期短的药物，即短效优先于长效，如选择普通片剂优先于缓控释制剂。

**3. 选择用药安全等级 L1~L2 的药物**

哺乳期的药物安全性分级，目前主流的方式是美国儿科学教授 Thomas W. Hale 提出的 L 分级法。他根据药物对哺乳影响的程度，将危险等级分为 L1~L5 五个级别。通常认为 L1~ L2 的药物是安全的，使用期间无须暂停哺乳；L5 为禁用药，而不明级别或 L3~L4 级的药物建议经过 5 个半衰期后再哺乳，尽可能减少对宝宝的不良影响。可通过用药助手 App 等方式查询药物安全性等级。

### 选择合适的给药时机

若想进一步降低药物对宝宝的影响，对于用药时机也要谨慎选择。

一般建议先哺乳再服药，或者在宝宝进入长睡眠期时服用药物，尽量避开血药浓度高的时候哺乳。例如，选择静脉注射给药时，药物可以看作是瞬时入血的，此时应避免给药完毕后立即喂奶；若是口服药物，可以参照药品说明书，了解所

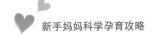

用药物的血药浓度达峰时间，避免在该时刻哺乳。

此外，在哺乳期间服用药物，还要注意以下几点。

- 在进行药物治疗之前做好乳汁的储备工作，以备不时之需。
- 用药前请咨询专业人士，服用药物遵医嘱，不随意增减药物剂量或给药频次。
- 了解药物对母婴可能产生的不良反应，密切观察宝宝状态，尤其是需长期或大剂量服药时。

##  哺乳阶段，这几件事到底能不能做

经历了艰难的十月怀胎，被束缚了近一年的宝妈们终于松了一口气。有些事情在怀孕期间忍了很久没做，如好好给身体做个检查，或者换个发型发色继续乘风破浪，但这时候家人或朋友可能又在旁边唠叨："再等等吧，你可是宝宝干粮的主宰者，哺乳期就等等吧！"

这次，咱们对哺乳期常见的"能否做的事情"做一个简单的盘点，让宝妈们做个参考。

对烟、酒说"不"

从备孕时，就反复强调酒精是禁忌，在哺乳期也要对酒说"不"。

有的地区可能有一些传统习俗，如用米酒、甜酒酿来使产妇下奶或者催乳，这种很少量的酒精摄入就可以吗？答案是不可以。

保护母乳不受干扰的最后一道关卡是"血乳屏障"，但酒精是小分子物质，且具有脂溶性，能通过血乳屏障自由地在血液和乳汁中出入，母乳的酒精含量等同于血液中的酒精含量，此时母乳就会变成"含酒精的饮料"了。

母亲饮酒后 3~4 小时，其泌乳量可减少约 20%，还会改变乳汁的气味，减少婴儿对乳汁的摄取。此外，有研究证明，母亲饮酒后 3.5 小时，婴儿睡眠时间会显著减少，对婴儿粗大运动发育产生不利影响。

那么做菜时用黄酒可以吗？高温下酒精都挥发了吧？图 5-7 是关于烹饪食物中酒精的残留情况。由此可见，炖煮 2 小时，菜肴中的酒精基本不会在味觉上呈现，但仍残留 10%。这个量对成年人可能不要紧，但对神经系统尚处于发育阶段的婴儿，影响很大。去腥的配料千千万，为何非要选黄酒呢？

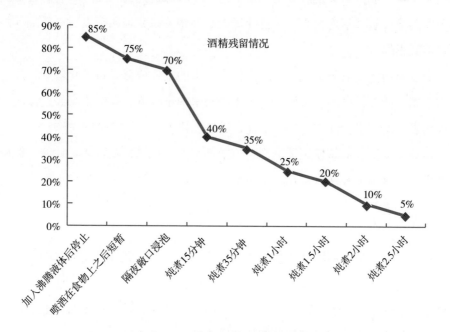

图 5-7　烹饪食物中酒精的残留情况

　　乳母吸烟可抑制催产素和催乳素，不仅降低哺乳的欲望，还会减少乳汁的分泌，烟草中的尼古丁可进入乳汁，影响婴儿睡眠及精神运动发育。婴幼儿长期暴露于二手烟环境中，会增加其呼吸道过敏、感染的概率，甚至增加猝死综合征的发生率。因此，不仅乳母需要忌吸烟，还应防止母亲及婴儿吸入二手烟。

### 浓茶和咖啡请适量

　　浓茶和咖啡中含有较多的咖啡因，哺乳期饮用后会有少量的咖啡因进入乳汁，应避免在喝完后马上哺乳。

　　研究显示，乳母大量摄入咖啡因可引起婴儿烦躁，并影响婴儿睡眠质量，长期摄入可影响婴儿神经系统发育。但咖啡因并不改变母乳成分，有刺激产奶的作用，在摄入量较低（咖啡因每天摄入 300 毫克，即 2~3 杯咖啡）时几乎没有影响。

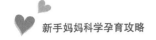

### 烫染头发需谨慎

大家常听说烫染头发后会铅、汞中毒之类，都是谣言。国际母乳协会对哺乳期美发的建议是"不需担心"，目前暂无很多相关研究证明美发对母乳喂养的婴儿有不利影响。

烫发液的主要成分是巯基乙酸铵，定型水的主要成分是过氧化氢等，几乎不含重金属。此外，烫的是头发，头皮接触药水的量较低，最终也会经过清洗，残留在头发上的药水量其实极少，不存在通过喂奶"过"给宝宝的说法。

正规、少量、低频使用烫染剂，烫染剂是不会透过头皮进入乳汁的。但烫染完毕后，妈妈与宝宝在日常互动中还是要尽量避免宝宝舔食、吸吮头发。

### 疫苗接种

哺乳期妇女接种所有的灭活疫苗（死疫苗），对婴儿均无不良影响，可正常哺乳。接种减毒疫苗（活疫苗）时，黄热病疫苗中的病毒可通过乳汁将活病毒传给宝宝，引起脑膜脑炎。因此，母乳喂养时，不能接种黄热病疫苗，如果需要接种，必须停止哺乳。哺乳期接种其他减毒疫苗，一般哺乳。

### 循序渐进，适度运动

除合理膳食外，哺乳期妈妈还应适当运动，利于产妇机体复原，逐步恢复适宜体重，且有利于预防远期糖尿病、心血管疾病、乳腺癌等慢性非传染性疾病的发生。

产后 6~8 周每周进行 4~5 次的有氧运动一般不会影响乳汁分泌，且可促进乳母心血管健康。因此，乳母除注意合理膳食外，还应尽早开始进行适当的活动和做产后健身操，并坚持母乳喂养，这样可促使机体复原，保持健康体重，同时减少产后并发症的发生。

但高强度运动可增加母乳中的乳酸，从而改变母乳味道。若婴儿拒绝母乳，应该降低运动强度。

### 特殊检查

有些检查不影响哺乳，但有些检查影响哺乳，见图 5-8。

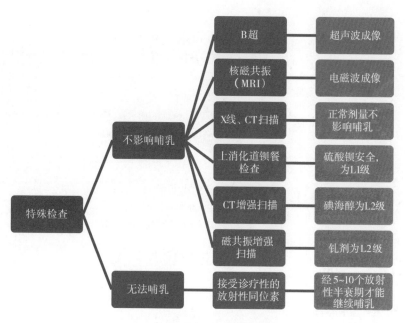

图 5-8　特殊检查对哺乳的影响

## 科学哺喂方案，新手妈妈也能掌握

现在很多妈妈崇尚科学育儿，在哺喂宝宝方面，可能听很多专业人士或从书籍资料中看过"按需喂养"。

对于纯母乳喂养的宝宝来说，按需喂养方式要优于按时喂养，这确实是一直以来秉承的哺喂理念。

所谓"按需"，就是宝宝需要了，就要喂。这说起来容易，实践起来却常常一头雾水。什么时候宝宝才需要呢？

很多人认为，新生儿或者小月龄宝宝的需求无非就是"我饿了""我拉了""我尿了""我不舒服了"，但其实除此之外，宝宝还有很多其他需求（图5-9）。妈妈们需要学会辨别宝宝的真实需求，来做到真正的按需喂养，切记不要变成"按哭喂养"。

按需喂养，就是只有"饿了"才能吃。出现其他需求产生哭闹时，应该使用其他适宜的方法安抚宝宝。

那么，"饥饿"的信号该怎么理性判断呢？

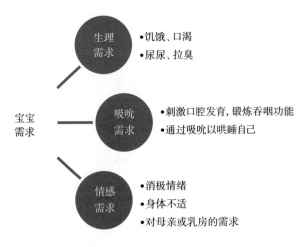

生理需求
•饥饿、口渴
•尿尿、拉臭

吸吮需求
•刺激口腔发育，锻炼吞咽功能
•通过吸吮以哄睡自己

宝宝需求

情感需求
•消极情绪
•身体不适
•对母亲或乳房的需求

图 5-9 宝宝的需求

## "饥饿"的信号

### 1.饥饿初期信号——我饿了（图 5-10）

● 舔嘴唇，伸舌头，嘴巴张开闭合，发出声音。

● 身体不断扭动。

● 寻找妈妈的乳房。

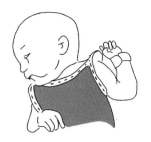

图 5-10 饥饿初期信号

### 2.饥饿中期信号——我真的饿了（图 5-11）

● 伸展四肢，身体运动增多。

● 烦躁，呼吸急促，开始哭泣。

● 手放到嘴里吸吮。

图 5-11 饥饿中期信号

3. 饥饿后期信号——先安抚我，然后喂我（图 5-12）

- 大哭。

- 皮肤颜色变红。

- 身体扭动动作剧烈，反复转头。

- 需要依靠拥抱、皮肤接触、说话或抚摸等方式先安抚宝宝。

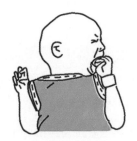

图 5-12 饥饿后期信号

## 总结宝宝的生长规律，真正按需喂养

很多新手妈妈想知道，如何科学分配哺乳时间，如大概多久喂一次，每次喂多久，等等。其实这是没有一定标准的，每个宝宝都有自己的个体差异，养育宝宝没有固定的模板。

所以，在哺喂过程中可以参考"按书养"的哺喂模式，但关键还是要不断总结和摸索。可以利用一些 App 或采用纸笔记录，把哺乳的时间点、时长等记录下来，慢慢地，就会掌握宝宝大概的进食规律，这样再结合宝宝的其他表现，可以更准确地判断宝宝是否有饥饿的需求。

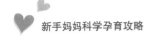

### 哺喂的频率和持续时间

假设宝宝一般间隔 3~4 小时吃一次奶，而此时刚吃过奶 1 小时左右就开始哭闹，那很可能不是饥饿导致宝宝哭闹；而如果距离上次吃奶已经过去 3 小时左右，此时哭闹，饥饿的可能性就会大一些。

妈妈们切记，千万不要一见到宝宝哭闹，就以喂奶的方式来回应，否则宝宝很可能把吸吮当成一种精神慰藉，或者因为过度喂养而出现营养过剩。这样不仅失去了按需喂养的意义，也不利于妈妈休息，影响妈妈产后恢复和泌乳，更严重的是，容易造成过度喂养，不利于宝宝的健康。

哺喂新生儿的典型模式：新生儿的胃容量为 30~60 毫升，1~3 月龄时为 90~150 毫升。宝宝的喂养间隔与胃容量和睡眠密切相关，研究显示，新生儿每 20 毫升母乳的胃排空时间为 1 小时，与新生儿正常的睡眠周期（1 小时）一致。出生 24 小时内，根据宝宝需求，每 2~3 小时喂 1 次，共 8~12 次。对于一名体重为 3 千克的新生儿，每间隔 3 小时喂养一次，大约需喂 60 毫升；每间隔 4 小时喂养一次，大约需喂 80 毫升。

每次喂奶需要喂多久呢？由于宝宝个体差异大，这其实也没有固定的持续时间。研究证实，宝宝的进食模式差异大，可以根据宝宝自身的选择决定，只要宝宝的排出量理想，身长、体重的增长在自己的生长曲线以内，都是正常的。

若宝宝吃奶时间过长（如每次超过 1 小时）且体重增长不理想，就要留心宝宝的吃奶效率，避免奶睡，可以摸摸耳朵、挠挠小脚底板唤醒宝宝，培养其专心喝奶，逐步建立喂养规律。

由于乳汁根据排出时间分为前奶和后奶，两者所含的营养物质和比例不一样，为保证宝宝营养全面，主张尽量让宝宝两个乳房都吃，前奶和后奶都吃上。

### 保证有效哺乳

- 吃奶时有明显吞咽声。
- 两次喂奶间宝宝很满足。
- 每天小便 6 次及以上，大便稀软。
- 妈妈哺喂时有下奶感，喂完后乳房松软。

##  新手妈妈必须知道的断奶时机与方法

母乳喂养的时候，听着宝宝满足的吞咽声，大概是妈妈最幸福的事情。但是这份37℃的爱总有结束的一天。对于断奶，有的妈妈像是卸下了个大包袱，也有的妈妈依依不舍。

究竟什么时候断奶，怎么断奶，这也是一门学问。

### 断奶的误区

说到要断奶了，以下这些话经常能听到身边的人说：

"春天不适合断奶。"

"6个月以后的母乳就没有营养了，你就要断奶啦！"

"断奶时在乳头上涂点苦瓜汁。"

"断奶嘛，妈妈离开几天就断了。"

其实，这些都是误区。

母乳是一种"智能"食物，能满足宝宝不同时期的不同需要，任何阶段都富含营养，这种营养是配方奶粉无法给予的。所以，如果妈妈的奶还够宝宝喝，工作情况也允许，应尽量延长母乳喂养时间。

### 断奶的时机

当然，我们迟早还是要面对断奶这件"大事"。国际母乳喂养相关指南建议，母乳喂养的时间如下。

美国儿科学会（AAP）：建议纯母乳喂养6个月，6个月以后逐渐添加辅食后，应继续母乳喂养至少12个月。

世界卫生组织（WHO）：建议母乳喂养到2岁，甚至更长。

什么时候断奶，决定权应该在妈妈和宝宝手里。当宝宝自己不再想吃母乳，或者妈妈不想再喂奶，甚至两个人都很默契地想断奶时，就能实现自然断奶，当然可能这种类型的天使宝宝占少数。因此，断奶没有标准的时间点，只要妈妈和宝宝都觉得舒适，可以选择任何一个时间进行断奶（图5-13）。

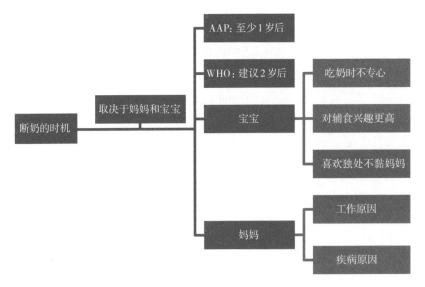

图 5-13　断奶的时机

现在大部分妈妈是职业女性，有的妈妈平衡工作和生活后决定断奶，记得要温柔地离乳，在离乳之前做好以下准备。第一，给宝宝选择适合的奶瓶，以便减轻孩子对乳房的依赖。可以慢慢把亲喂次数减少，尝试瓶喂母乳。不喜欢奶瓶的宝宝也可以用吸管杯或敞口杯慢慢引导。第二，给宝宝选择一款合适的配方奶，1 岁后也可以选择饮用优质的全脂牛奶。第三，断奶需要注意避开一些特殊时期，如宝宝生病、出牙、分离焦虑期、接种疫苗、更换长期照顾者时，宝宝情绪不稳定，会给断奶增加难度，容易失败。

## 断奶的方法

断奶的方法包括分离式断奶和循序渐进式断奶（图 5-14）。分离式断奶不可取。一定要明白，是断奶，不是断妈。宝宝处于断奶期，没有奶的慰藉会比平时更敏感脆弱，需要妈妈更多的关爱和身体抚触，增加宝宝的安全感，才能助力宝宝成功断奶。

比较适宜的温柔离乳方法应该是循序渐进式的，当妈妈和宝宝都做好了断奶准备时，可以逐渐减少喂奶次数。因为夜晚宝宝的依赖性更强，可以先从减少白天哺乳次数开始，逐渐过渡到减少夜间哺乳次数，直到完全断奶。

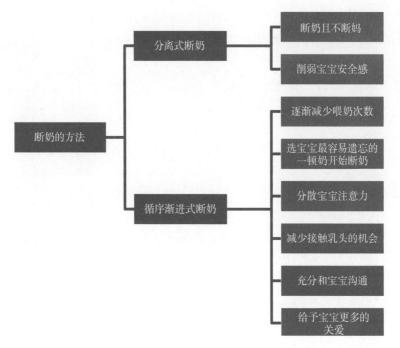

图 5-14　断奶的方法

　　断奶期间也要注意，尽量不要让宝宝接触乳头，转移宝宝注意力，还可以通过语言或绘本等方式告诉宝宝：宝宝长大了，可以获取更多营养丰富的好吃的食物。教宝宝和母乳告别。

　　可能很多人会与你分享切身体验，自己的宝宝在某个季节断奶后更容易生病，这其实是由于离乳期宝宝无法再从母乳中获取充足的营养，刚好遇上平日不恰当的护理，让宝宝免疫力下降的同时也给了病毒、细菌入侵的机会。

　　在季节交替时，妈妈们若没有做好防护工作，会让宝宝的身体抵抗力受到影响。因此，在断奶前后，妈妈们要做好充足的准备，以免宝宝在断奶期生病的概率增加。

# 第六章

初为人母，

0~3 月龄宝宝

照护要细心

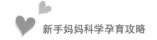 

##  新生儿第 1 周怎么护理，这些问题要注意

相信每一位新手妈妈在喜提宝宝的当下，心情一定是复杂的——既欣喜又无助。毕竟照顾宝宝这种事情从来没经历过，而且少不了被家中看起来很有"育儿经验"的老人一通指挥，专业知识不过关的话极容易被带入育儿误区。

### 育儿常见误区

1. 绑腿

某些地区有给新生儿绑腿的传统，称为"蜡烛包"。实际上，这种做法是不科学的，容易导致宝宝的股骨头被拉出关节腔，造成髋关节异常。

胎儿向新生儿过渡时期，髋关节发育不稳定，应避免包裹过度，给双腿外展的空间，允许其自由活动。

2. 挤乳头

母体内的雌激素会通过脐带传递到宝宝体内，在此影响下，宝宝可能出现乳房肿胀、凹陷，甚至泌乳，这些都属于正常现象，新手爸妈们不必担忧。而挤乳头则容易引发感染，严重的还会引起败血症。

3. 擦马牙

马牙并不是牙，是指新生儿牙床上一些白色或米粒状物质，很像长出来的牙齿，俗称"马牙"或"板牙"，医学上称为上皮珠。它们通常可以自行脱落，不需要擦拭，否则容易导致宝宝口腔黏膜破损，增加感染风险。

4. 安抚奶嘴

宝宝哭得惊天动地，大人们手足无措时，塞上一个安抚奶嘴，世界都清静了。但是，过早使用安抚奶嘴会造成乳头混淆，影响母乳喂养的进程。美国儿科学会建议，在未完全建立母乳喂养前（一般 1 个月内），应避免使用安抚奶嘴。

5. 除胎脂

新生儿的胎脂不要用力擦除，胎脂不仅能为皮肤提供水分并物理性阻止水分散失，还有 pH 缓冲作用，具有保护皮肤、维护皮肤屏障功能的效果。

### 6. 不良睡眠环境

有的父母在宝宝出生前就已经用很多漂亮的毛绒玩具装饰好婴儿床，甚至给宝宝准备了小枕头。其实这些都不需要，应尽量减少婴儿床上的物品，包括床围，以保证睡眠环境安全。

### 7. 捂热

不管是炎热的夏天还是严寒的冬天，都有一些人把宝宝裹得严严实实。很多触目惊心的案例，都是因为宝宝穿得太多，捂得太厚，出现了捂热综合征，新生儿尤为多见。

该病起病急骤，发展迅速，预后较差，全年均有发病，尤以12月至次年2月、6~8月为甚。患病的宝宝会出现脑缺氧和高热，继而出现脱水、代谢紊乱，甚至出现多脏器功能损害，尤其对神经系统和脑损害明显，严重者或治疗不及者会导致死亡，存活者发生神经系统后遗症的比例也极高。一般来说，20~24℃是比较舒适的温度，以宝宝背部不出汗为衡量标准。

## 护理宝宝要科学合理且细心耐心

新生儿免疫功能尚低下，胃肠道、皮肤屏障、体温调节等功能也没发育完全，还易受到感染，除了避免以上常见误区之外，护理宝宝必须要科学合理且细心耐心，以下问题需要注意（表6-1）。

表6-1 新生儿第1周护理项目及注意事项

| 项目 | 注意事项 |
|---|---|
| 母乳喂养 | 出生1小时内就开始母乳喂养，按需喂养 |
| 黄疸 | • 出生1周内出现，最明显的是皮肤变黄<br>• 生理性黄疸：出生后2~3天出现，4~5天达到峰值，持续7~14天消退<br>• 排除病理性黄疸：黄疸过早出现（宝宝出生24小时内出现皮肤黄染）；黄疸过晚消退（持续时间超过2周）；黄疸变得严重等<br>• 遵医嘱科学干预，避免采用不科学的方法伤害宝宝 |

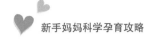

续表

| 项目 | 注意事项 |
|---|---|
| 皮肤 | 常见会出现以下皮肤不适状态<br>• 中毒性红斑：新生儿皮脂腺不成熟，常见于出生后 24~48 小时，1 周内逐渐消退，但会反复发作<br>• 热疹：保持皮肤干爽、透气，衣物宽松<br>• 新生儿皮脂腺增生（粟粒疹）：针尖样黄白小丘疹，数周内消退，无须特别治疗<br>• 红臀：清洗臀部时，使用婴儿专用一次性湿巾较棉布更柔软，更能够保证皮肤的完整性，减少尿布皮炎的发生和经皮水分丢失；含凡士林和氧化锌的护臀膏是常用的护肤产品，可形成保护性屏障，防止臀部皮肤受到刺激和浸渍；不推荐常规使用抗生素药膏预防和治疗尿布皮炎 |
| 吐奶（溢奶） | • 喂奶后拍嗝<br>• 做排气操缓解宝宝胀气<br>• 避免趴睡，吃奶后的最佳体位为躺于 15°~30° 的斜坡床垫上，身体右卧位，可减少吐奶发生 |
| 互动 | • 抚触前应洗手消毒再接触宝宝<br>• 避免对宝宝做危险动作：摇晃宝宝或高空抛宝宝 |

##  新生儿洗澡讲究多，这样做更科学

新生儿软软的，作为新手妈妈，抱起来就心慌慌的，照顾宝宝的日常生活更是小心翼翼，洗澡便是其中的一大难题。

给自己洗澡轻松容易，给宝宝洗澡可谓一身热汗加一身冷汗。如何做到尽量让宝宝不哭不闹还科学安全呢？掌握以下内容可以助力宝宝轻松沐浴。

### 洗澡的时间

WHO 在《母亲和新生儿的产后护理指南》中建议将新生儿首次沐浴时间推迟至出生 24 小时后，以防止体温过低。这次沐浴通常是在医院完成的，妈妈们可以放心一些。

回家以后，注意不要在宝宝吃奶 1 小时内洗澡，防止出现吐奶、溢奶等现象。

### 洗澡的环境

要尽量在相对封闭的房间给宝宝洗澡，避免穿堂风且比较温暖，防止宝宝着凉感冒。

洗澡时，应保证室温在26~28℃。新生儿的皮肤很薄，娇嫩又敏感，洗澡水温偏热或偏冷都会令宝宝不适，导致宝宝哭闹或烦躁，增加洗澡的难度。

一般建议调节水温为38~40℃。患湿疹的宝宝洗澡水温度低一些更好，建议洗澡水温度为32~37℃。在调节水温时，建议缺乏经验的新手爸妈使用水温计。在放水时，先放冷水，再加热水，以避免先加热水不慎烫伤宝宝。

### 洗澡前的用品准备

浴盆、两块柔软的小毛巾（一块洗脸，一块洗身体）、大浴巾、宝宝沐浴露（建议选择无泪配方）、水温计、尿不湿、换洗衣物、润肤露、防水肚脐贴。

### 洗澡的频率和时长

美国儿科学会建议，若每次更换尿片都彻底清洁尿布区，新生儿是不需要频繁洗澡的，每周洗3次左右即可。

现在大多数月子中心或医院每天都会给宝宝洗澡。但并不是每次洗澡都要使用沐浴露，清水洗即可，否则宝宝的皮肤会很干燥，增加患湿疹的概率。

宝宝每次洗澡的总时间建议不超过5分钟，洗完应立即将其包裹到预热的干毛巾中。

### 洗澡的过程

沐浴方式主要包括襁褓式沐浴、盆浴和擦浴。研究显示，襁褓式沐浴比盆浴更能维持早产儿和足月儿沐浴后体温稳定。宝宝洗澡应遵循先脸后头再身体的顺序：将新生儿用柔软的毯子包裹后，先清洗面部→洗头（注意水不要流到宝宝耳朵里）→检查大小便（若有，先用流动水清洗干净再洗澡）→将肩部及以下部位浸泡在水中，依次清洗肩颈部、上下肢、胸腹部、背部、会阴部，清洗过程中尽量仅暴露清洗部位。注意宝宝腿、胳膊、颈部、腹部的褶皱处都容易

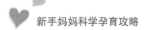 

藏污纳垢，尤其是胖宝宝，更要仔细清洗。

抚触穿衣

水中环节结束后，并没有万事大吉。洗完澡后，宝宝皮肤上的水分极易蒸发，建议使用润肤剂帮助新生儿维持皮肤状态稳定，降低皮炎发生风险。

《新生儿皮肤保护临床实践指南》指出：新生儿润肤剂不能含易致敏性香料、染料、酒精和易致敏防腐剂；涂抹时应轻柔，避免用力摩擦，以免损伤皮肤。

重点——脐带的护理

宝宝出生后，脐带残端一般会在1周内脱落，为预防感染，要注意脐带的护理（图6-1）。

图6-1　新生儿脐带护理

《中国新生儿早期基本保健技术专家共识（2020）》建议：脐带残端应暴露在空气中，并保持清洁、干燥，洗澡前先检查脐带。因此，洗澡前后脐带的护理尤为重要，在脐带残端脱落前，必须使用防水的肚脐贴，避免脐部潮湿，且尽量不要使宝宝泡澡。洗完澡后，应及时将脐部的水用棉签轻轻拭干，保持脐部干燥。注意观察是否有分泌物或出血情况，少量渗血属正常，并不需要在脐带残端使用任何药物或消毒剂；但出血量或分泌物量大，或脐周皮肤红肿时，应立刻咨询医生，切勿自行涂抹药膏，因为在脐部外用抗菌药物会导致细菌耐药，增加致病菌定植。

每次洗澡，宝宝很可能刚放入澡盆就哭了，这时不要自乱阵脚，可以等待宝宝慢慢对环境和水温适应后，再开始沐浴。爸妈们也可以不断地总结经验，优化可能出问题的步骤或环节，争取让小宝贝沐浴时更享受。

**新生儿能否看见东西？他们的世界有何不同**

人的感觉根据感受器可以分为视觉、听觉、嗅觉、味觉、触觉等，其中视觉是最直观的一种感觉：光波刺激眼，经视网膜的视锥细胞和视杆细胞等感受器，可以获取物体的颜色、模式、结构、运动和空间深度等（图6-2）。

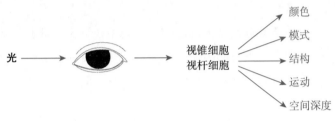

图 6-2　视觉的产生

人的视觉从出生至6岁为发育敏感期，在2岁前已达高峰，那新生宝宝也能看到东西吗？他们眼里的世界和成人看到的一样吗？

新手妈妈刚开始接触小宝宝的时候，可能觉得宝宝有时盯着自己笑，有时却不太看自己，甚至不知道在看什么，有时会怀疑宝宝的视力有问题。

请不要过度焦虑，咱们先来看看宝宝的视觉是如何发育的（图6-3）。

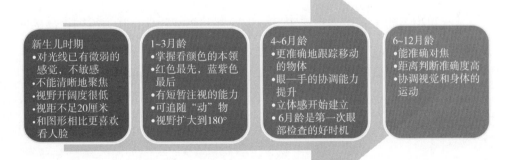

图 6-3　宝宝视觉的发育

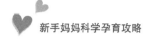

### 新生儿时期

婴儿出生时，对光线已有微弱的感觉，但不敏感，能进行一些视觉活动。例如，光线照射时，瞳孔会立刻收缩，强光照射会闭上眼。这也是有些新生儿平时总闭着眼，只有在光下才睁开眼的原因。

在出生的第 1 周，因为控制视力的视网膜及传递感受的神经细胞还没发育完全，宝宝还不能清晰地聚焦，视物能看到灰色的阴影，视野开阔度也很低，视距不足 20 厘米。

美国著名的心理学家罗伯特·范茨的"视觉偏爱"实验证明，新生儿更喜欢复杂的、曲线的、有丰富内容的图形，和图形相比更喜欢看人脸。也就是说，这个阶段的宝宝在吃奶时看到模糊的妈妈的脸是最开心的。

### 1~3 月龄

1 个月后，宝宝很快掌握了看颜色的本领，最先看到的是红色，然后是黄、绿、橙等颜色。因为蓝光波长短，所以最后才能看到蓝、紫色，但还不能区分颜色的深浅。此时宝宝已经有注视的能力，但注视过久眼球会失去协调能力，所以不能注视太久。

渐渐地，宝宝也能感受光线和轮廓。到 3 个月的时候，宝宝已经可以在不移动头部的情况下将目光从 A 物体转移到 B 物体了，视野也扩大到 180°。若此时宝宝的眼睛还不能追随移动物体，则需要进行眼病或其他方面的排查。

### 4~6 月龄

宝宝可以看得更清楚，也能更准确地跟踪移动的物体，视力得到提高的同时，眼—手的协调能力也提升了，这也是这个时期的婴儿能迅速拿放物品的原因。

这个时期宝宝的视距在 2~3.5 米，此外，由于视网膜和黄斑结构的初步发育，宝宝开始建立立体感。

6 月龄时，是第一次眼部检查的好机会哦！

### 6~12 月龄

6~12 月龄是一个重要的发展时期。这个时期的宝宝，双眼已经可以准确对焦了，能调节自己的双眼视物，距离判断准确度提高，更善于进行抓取和投掷物体，能更好地协调视觉和身体的运动。

综上可以看出，宝宝的视觉发育是颜色、深度、距离等综合因素随着时间动态发展的过程，视觉发育有很大的可塑性，父母可以在适当的时候帮助宝宝进行视觉训练，与宝宝一起互动，创造丰富多彩的色彩环境，让宝宝循序渐进感受这个美丽的世界。

推荐一些常见的视觉训练的方式，可以带宝宝一起开展。

1. 追光训练

原理：利用光对宝宝的吸引力。

方法：天色较暗时，用手电筒照亮黑暗的地方，让宝宝用目光来追随手电筒光的移动。

注意：晃动手电筒的幅度和速度适中，避免宝宝反应跟不上或视觉疲劳。

2. 色卡游戏

原理：根据宝宝视力发育过程中对色彩的辨识程度，选取宝宝能接受的最鲜明的颜色来刺激视觉发展。

方法：新生儿时期，可以把黑白色卡放在宝宝面前，观察宝宝眼球的变化。若宝宝的眼球能在黑白两色间游离，就说明能辨别这两种颜色；1月龄后能辨别多种颜色时，可以选择其他颜色的卡片或玩具来吸引宝宝。

注意：避免色卡离宝宝眼睛过近或过斜，选择玩具刺激时不要将其固定在同一位置，避免宝宝斜视。

3. 虫虫飞游戏

原理：锻炼协调性，尤其是眼—手协调。

方法：家长握住宝宝的两只手，展开食指，两指对齐放在宝宝胸前，慢慢水平移开，宝宝的目光能随着手指分开的轨迹移动。

注意：避免移动速度过快，宝宝来不及反应。

4. 亲近大自然

原理：充分锻炼宝宝的认知能力，培养宝宝的视觉与抓、握、摸之间的协调与统一。

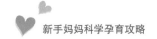

方法：多进行户外活动，可以到公园看不同颜色的花草树木，到超市看不同形状的水果或其他物品。在此过程中配合语言讲解，刺激宝宝的视觉、语言和认知能力。

##  新生儿是睡婴儿床，还是跟父母睡大床

人的很大一部分时间是在睡眠中度过的，新生儿更是如此。关于宝宝的睡眠，有很多的学问包含在内，其中最具有争议的就是，宝宝是自己睡婴儿床，还是跟父母一起睡大床。

其实根据研究，两者均有利弊，关键要学会扬长避短，才能让宝宝拥有一个安全的睡眠环境，真正实现"婴儿般的睡眠"。

### 宝宝自己睡小床

宝宝爸妈这一代人，小时候大多与父母同床而睡。而现在大部分的家长是学习型家长，在育儿过程中可能听说过婴儿猝死综合征（SIDS），是指1岁以内的婴儿在睡眠中突然发生的，通过对病史、环境的详细调查等仍不能发现明确原因的意外死亡。SIDS在出生后1个月内很少见，2~3个月达到高峰，之后又呈下降趋势，95%发生于出生后6个月内。

在中国，SIDS是婴儿死亡的主要原因。

美国儿科学会发布的婴儿安全睡眠环境建议指南中建议：在1岁以内，至少在6个月以内，应为婴儿设计单独的睡床。

有证据表明，婴儿在单独的小床睡觉，发生SIDS的风险可降低50%左右。

新生儿活动能力弱，对外界的反射不敏感，一定要警惕一切引起窒息的可能，避免令人心碎的事件发生。这样看来，宝宝自己睡小床安全系数相对更高。

此外，宝宝独自睡小床还有以下好处：减少父母与宝宝对彼此睡眠的影响，如翻身、起夜、电子屏幕等；从小培养宝宝的独立个性；促进夫妻关系和谐。

### 跟父母一起睡大床

那么，让婴儿睡大床真的就不好吗？其实近几年，有越来越多的研究为此正

名，美国儿科学会也缓和了之前的强硬态度。

不仅如此，虽然理论上都提倡宝宝应该睡婴儿床，不建议母婴同床，但实际是很难做到的。尤其宝宝在按需喂养的阶段，父母反复经历夜醒—大床上哺乳—哄睡—放到婴儿床—又醒—哄睡……这样魔性的流程，终究熬不住。

在中国0~5岁孩子与父母同床的比例高达58%~70%，在英国也达到了半数。

研究显示，母婴同床有以下优势：便于母乳喂养，有助于延长母乳喂养的时间；能更好地照顾到敏感期宝宝的依恋感；对睡眠困难、夜醒频繁，需花长时间安抚的宝宝更适宜；与父母同床的宝宝更容易形成依恋感；与父母同床的宝宝有更强的自我调节能力和更少的消极情绪。

英国公共卫生署的数据显示，因SIDS死亡的婴儿中，约一半是母婴同床时死亡的。然而，有90%死于几种基本上可以预防的危险情况，说明避免一些危险因素，母婴同床也是可以的，而非绝对不行。

当然，在出现以下情况时（图6-4），让宝宝睡自己的小床是最安全的。

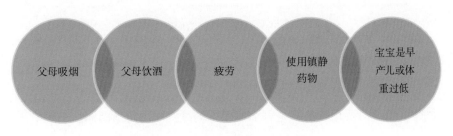

图 6-4　宝宝自己睡小床的情况

综上所述，宝宝独立睡小床，可以在较大程度上避免SIDS，相对更安全；而母婴同床虽然存在风险，但大多数风险是可以避免的，所以需要同床睡的家庭应特别注意其中的细节，保持警觉，避免悲剧发生。

推荐"同房不同床"的睡眠环境，既符合美国儿科学会的最新推荐意见，也符合我国国家卫生健康委员会发布的《0~5岁儿童睡眠卫生指南》的建议，"婴儿宜睡在自己的婴儿床里，与父母同一房间"，这样既能与父母毗邻而眠，也能有效降低宝宝窒息的发生率。

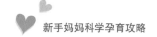

 **新生儿床上用具，是软还是硬**

宝宝是全家人的心头肉，可能还没出世，贴心的父母就已经为宝宝准备好了很多用品——挑选了可爱的小枕头和自己认为舒适的床垫，有的甚至准备了很多柔软的毛绒玩具摆放在床的周围。这样精心布置的婴儿床，看上去又萌又温馨。可是父母们可能不知道有的选择可能并不适用，甚至会对宝宝产生不好的影响。宝宝最适宜的睡眠环境应该是与父母"同房不同床"，除了上文提到的原因，还有一个原因是宝宝的脊柱形态与成年人不一样（图6-5），床上用具的软硬程度与成人的选择有所不同，最明显的就是枕头和床垫。

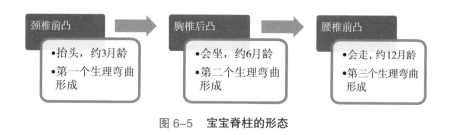

图 6-5　宝宝脊柱的形态

枕头

成年人睡觉时要用枕头，是因为成年人的颈椎曲度是前凸的，平躺之后与床面之间有一个空隙，颈部肌肉牵拉紧张。而用高度适宜的枕头能刚好填充这个空隙，让颈部肌肉松弛下来，睡得更舒适。不同年龄颈曲的形态见图6-6。

1. 新生儿不适宜用枕头

新生儿的脊柱是直的，几乎没有弧度。由于颈部的生理弯曲还没有形成，平躺时背部和后脑勺在同一水平面，肌肉不会处于紧绷的状态。此外，新生儿颈部短，若头部垫高不仅容易形成头颈弯曲，伤害宝宝柔软的颈椎，还会影响宝宝呼吸和吞咽。

美国儿科学会不建议1岁以下婴儿使用枕头，一是与婴儿本身的生理状态相违背，二是增加SIDS的风险，因为如果婴儿的脸被遮盖且呼吸受阻，可能会因为窒息而受伤甚至死亡，尤其是连翻身技能都不足的新生儿。

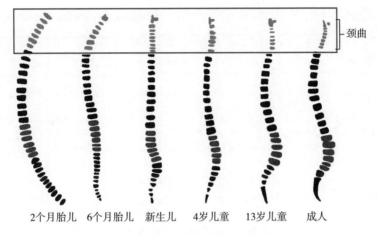

| | | | | | 颈曲 |

2个月胎儿　6个月胎儿　新生儿　4岁儿童　13岁儿童　成人

图 6-6　不同年龄颈曲的形态

### 2. 何时用枕头

若宝宝在3月龄时恰值冬季，抬头后形成了颈椎前凸，再加上使用厚睡袋，如果宝宝愿意，可以用毛巾折叠2~3折垫高宝宝的头部，缓解颈部后仰的情况，但一般不需要用枕头。

在1岁左右，如果宝宝出现想用枕头的信号（喜欢枕着大人的胳膊，睡觉时喜欢把头垫在东西上，睡觉时能灵活地翻身转头等），就可以给宝宝使用一个适宜的枕头了。

### 3. 枕头的硬度如何选

枕头的硬度要根据宝宝的生理结构来选择，既不能过软，也不能过硬。

1岁的宝宝虽然有一定的生理弯曲，但骨骼依旧柔软且有弹性，太硬的枕头易造成颅骨受压变形，头型不美观，而且不舒适。而枕头过软容易让宝宝的面部陷入其中，产生窒息的风险。

枕头最佳的硬度应该是，压下去之后能快速回弹，宝宝枕上去能恰好紧贴头颈部。此外，枕头的高度应适中（图6-7）。

### 床垫

对于成人来说，床垫的软硬选择因个人喜好而异。有人喜欢睡在软床垫上，享受下陷的包裹感；有人喜欢睡硬板床，尤其是老年人，觉得腰更舒服。

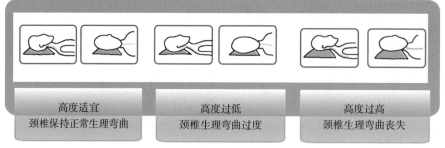

| 高度适宜 | 高度过低 | 高度过高 |
|---|---|---|
| 颈椎保持正常生理弯曲 | 颈椎生理弯曲过度 | 颈椎生理弯曲丧失 |

图 6-7　宝宝枕头高度的选择

对于婴儿床垫的挑选，有时也能引起"家庭大战"。如何给宝宝选择软硬适宜的床垫呢？来了解一下其中的科学依据吧！

婴儿的脊柱具有特殊的生理特点（图 6-8），因此应根据宝宝的生理结构来选择硬度适宜的床垫。

图 6-8　婴儿脊柱的生理特点

新生儿时期，脊柱最为柔软，睡眠时间长，不宜长时间睡较硬的床垫，否则既舒适度差，还可能导致骨骼发育不良，甚至有引发脊柱侧弯的风险。但也不能选择过软的床垫，新生儿活动能力弱，容易陷在柔软的床垫中，产生窒息的风险。新生儿阶段由于生理弯曲还未形成，选择贴合度高、回弹快、承托力佳的床垫较为适宜。

而在宝宝的 3 个生理弯曲逐渐形成时，睡较软的床会增加脊柱的生理弯曲程度，加重脊柱旁的韧带关节负担，因此睡稍硬一些的床会更好：一是能调节身体睡姿；二是能够增加椎体稳定性，避免脊柱变形；三是可以支撑腰椎等脊椎，减轻疲劳感。

**判定小技巧**

体重3千克的宝宝躺在床垫上，床垫被压下去的凹陷程度为1厘米左右，软硬程度较为适宜（图6-9）。

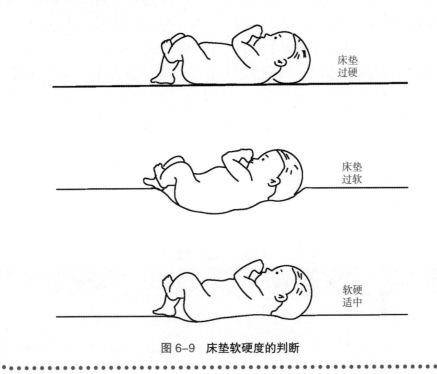

图6-9　床垫软硬度的判断

除此之外，在布置婴儿床时，应尽可能简单，减少一切可能遮挡宝宝口鼻的柔软物品。尽管玩具、装饰很软萌，可安全才是最重要的！

## 纯棉尿布和纸尿裤，哪个更适合宝宝的娇嫩皮肤

养育孩子，老一辈和年轻父母在育儿观念上经常发生大碰撞，而"用纯棉尿布还是纸尿裤"这一场没有硝烟的战争也会在很多家庭爆发。

很多老人觉得纸尿裤太闷，价格又高。以前带孩子不都用尿布吗？认为年轻人就是懒，穿纸尿裤把宝宝屁股都捂红了！

但年轻父母又觉得尿布反复使用,处理不当会带来卫生问题;而且小宝宝尿尿十分频繁,一不小心就会弄脏床褥,换洗的劳累程度可想而知。

其实,综合来看,纯棉尿布和纸尿裤各有利弊。下面总结一下纯棉尿布及纸尿裤的优缺点,为大家提供一个参考。

纯棉尿布,其优势在于纯棉材质,柔软;厚度很薄,吸水性强,透气性高;可重复使用,省钱。但也存在明显的劣势,尤其对年轻父母来说,宝宝每次大小便后须立即更换,不仅清洗比较费时,而且会影响宝宝睡长觉。此外,清洗不彻底容易滋生细菌,洗涤剂残留对宝宝娇嫩的皮肤也不好,而且极易回渗,常弄脏床褥。

而纸尿裤,爸爸可能感受不深,各位妈妈可太有发言权了!纸尿裤类似于卫生巾,吸湿性强又能马上变得干爽,对年轻人而言,它的优点有很多:一次性用品,无须清洗;能快速吸收尿液,避免回渗,保持臀部干爽。但它相对纯棉尿布来说透气性略差,所以护理不当容易造成宝宝红臀,并且一次性用品长期使用价格较高。

表6-2从不同维度将纯棉尿布和纸尿裤进行了对比,供大家参考。

表6-2 纯棉尿布和纸尿裤的对比

| 项目 | 纯棉尿布 | 纸尿裤 |
|---|---|---|
| 透气性 | 很好 | 较好 |
| 吸水性 | 尿液吸收性很强,且能随时吸收汗液 | 尿液吸收性较好,但不能吸收汗液 |
| 软硬度 | 非常柔软 | 较柔软 |
| 防水性 | 较差 | 很好 |
| 便捷度 | 及时更换,需清洗,便捷度差 | 一次性使用,方便 |
| 活动性 | 易侧漏、移位 | 防止侧漏 |
| 洁净度 | 清洁不到位,易过敏、感染 | 及时更换能保证卫生 |
| 经济性 | 花费小 | 花费大 |
| 环保性 | 可反复使用,不造成污染 | 一次性用品,易污染环境 |

了解了纯棉尿布与纸尿裤的利弊，可以根据自己的需求来选择，或者根据情况交替使用。例如，白天在家，方便清洗更换时可以用尿布；出门玩耍或者睡觉等需要较长时间活动时，用纸尿裤。

在这里，还要提醒宝宝父母，即使使用纸尿裤，也要经常观察宝宝的大小便情况，尽可能勤更换。宝宝皮肤娇嫩，应尽量保持宝宝臀部的干爽，否则容易出现尿布性皮炎（表6-3）。

表6-3　尿布性皮炎的特点

| |
|---|
| • 婴幼儿常见多发病，常见于尿布被尿液、粪便、汗液等浸湿不能及时更换，皮肤长期处于封闭潮湿环境中 |
| • 皮肤屏障功能被削弱 |
| • 尿、粪刺激，外界摩擦引起会阴、臀部尿布包裹处皮肤发生刺激性接触性皮炎 |

宝宝出现尿布性皮炎，会出现疼痛、烦躁等不适症状，严重时还会出现继发性细菌和真菌感染，甚至导致败血症。《婴幼儿尿布性皮炎护理实践专家共识》中根据严重程度可分为三级四度（表6-4）。

表6-4　尿布性皮炎的分级

| 项目 | 0级 | 1级 | 2级 | 2级 |
|---|---|---|---|---|
| 分度 | 正常皮肤 | 轻度尿布性皮炎 | 中度尿布性皮炎 | 重度尿布性皮炎 |
| 临床表现 | 皮肤正常 | 皮肤红疹，无破损 | 皮肤红疹，部分皮肤破损 | 大面积皮肤破损或非压力性溃疡 |

为预防和避免出现尿布皮炎，需要注意以下几点。

选择合适的护理用品：推荐一次性纸尿裤，纸尿裤须符合高吸收性、良好透气性、质量可靠、尺寸适宜等原则。若宝宝对纸尿裤过敏，可更换其他品牌或选用柔软优质的纯棉尿布。

掌握更换时机：新生儿2小时更换1次；婴幼儿2~3小时更换1次；敏感皮

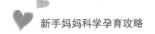

肤增加更换频次；排便后每次更换；每天固定时间解开纸尿裤，充分暴露臀部，每次 30~60 分钟，每天 3 次，但注意保暖。

清洁方式：每次排便后要及时更换，取 37~40℃的温水，用软棉布或婴幼儿专用湿巾以轻柔非摩擦的方法清洁皮肤，最后轻轻沾干未破损的皮肤。每次更换纸尿裤后涂抹滋润的乳膏或油类，形成保护隔离层，但不建议使用爽身粉。

##  宝宝半夜总是醒，到底是为什么

世界上有一种感同身受就是"宝宝是睡渣"，新手爸妈每晚睡前都胆战心惊，不知道即将面临什么事情。每晚都被宝宝夜醒折磨得心力交瘁，尤其是产假结束后，哄完夜醒无数次的娃，刚躺下可能就被闹钟叫醒了，真的崩溃。

宝宝半夜总是醒，究竟是为啥？

这里为大家盘点一下宝宝夜醒可能存在的原因，作为新时代学习型父母，遇事一定不能慌，要找准宝宝的"痛点"来各个击破，争取让"睡渣"变成"睡神"。

### 环境因素

影响宝宝睡眠的环境因素主要有 4 方面（图 6-10）。

图 6-10　影响宝宝睡眠的环境因素

### 1. 温湿度不适宜

温度过冷过热，空气过于干燥或潮湿，敏感的宝宝都会觉得不适。其中最常见的是温度过高，尤其是在盛夏和冬季。

其实宝宝是很怕热的，但还不会说话，唯一的表达方式就是哭闹。所以，宝宝睡下时，可以多观察宝宝是否出汗，尤其是身体肉肉多、有皱褶的地方。不用给宝宝穿过厚的睡袋，背部暖暖的就可以了。

秋冬干燥或开空调时可以适当用加湿器保证室内的湿度，避免宝宝口干舌燥。

2. 睡眠环境不佳

宝宝的睡眠质量不如成人稳定，可能细小的声音（如邻居的狗叫、楼上挪椅子或冲马桶等）就会吵醒宝宝。所以，应尽量给宝宝创造一个适宜的睡眠环境。

3. 穿着不适

尽可能给宝宝准备纯棉、舒适、光滑、宽松的睡衣或睡袋，避免被纽扣或拉链硌痛的不适感，也应尽量避免宝宝睡眠中手脚活动被约束。

4. 尿不湿不干爽

宝宝的排泄物会使其臀部不舒服，尤其是宝宝有尿布疹时，夜醒哭闹情况会更严重。宝宝夜醒后，首先要检查尿不湿是否干爽。如果宝宝拉屎尿尿了，要及时更换尿不湿。

## 生理因素

影响宝宝睡眠的生理因素主要有4方面（图6-11）。

图 6-11　影响宝宝睡眠的生理因素

1. 饥饿

这是妈妈们最容易想到的夜醒原因，但一定要注意辨别宝宝是否真的饥饿。以下几种情况，可能导致宝宝真正饥饿。

- 当宝宝处于猛涨期时，白天的吃奶量比往常大或频率比往常高。
- 纯母乳喂养时，要注意母亲是否母乳不足造成宝宝奶量不够。
- 白天睡眠时间过长，奶量不够，就会在夜里补充，所以要注意合理调整宝宝的作息。

2. 肠胃不适

婴儿肠胃发育不完善，所以肠胃不适是宝宝比较常见的夜醒原因，一般分为肠胀气和消化不良两种情况（表6-5）。

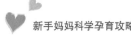

新手妈妈科学孕育攻略

表 6-5　宝宝肠胃不适常见的夜醒原因

| 不适情况 | 常见年龄 | 表现 | 应对措施 |
|---|---|---|---|
| 肠胀气 | 吃奶的宝宝，尤其是 1~3 月龄的宝宝 | 吞咽过多空气，屁多，睡觉扭来扭去，趴睡或压迫肚子使自己舒适 | 日常多做排气操，或通过飞机抱、萝卜蹲等方式缓解宝宝不适 |
| 消化不良 | 多见于添加辅食后的宝宝 | 吃太饱，便秘 | 尽可能多吃蔬菜，注意营养均衡；锻炼咀嚼能力 |

3. 疾病

宝宝生病或打完疫苗等导致的夜醒，其实是需要安抚的。可以适量宠一宠，但不能过度，避免痊愈之后形成不良睡眠习惯。

4. 生长发育

宝宝在成长过程中会有很多个生长发育的里程碑，如长牙、学会翻身、学坐、学走等阶段，其间宝宝很可能出现夜醒的情况。

长牙期间，白天可以多给宝宝啃咬磨牙棒，能吃辅食以后可以多给一些手指食物，晚上睡前用纱布包裹清洁过的手指，轻按宝宝牙床，缓解宝宝乳牙奋力顶出过程中牙龈的不适感。

宝宝处于大动作发育的关键时刻，睡梦中也会想要练习这些"新技能"，可能翻身翻不过去就会因为受挫而醒来。这时只能多包容宝宝旺盛的"表现欲"，尽量让宝宝白天多练习，熟练掌握这些技能。

心理因素

宝宝都会有一个分离焦虑期，只是来的时间早晚不同。较常见是妈妈产假结束回归工作岗位时，宝宝渐渐意识到妈妈会"离开"，会因为缺乏安全感而黏人，这时就需要给宝宝足够的安全感。

白天和宝宝分别时，不要突然消失，要告诉宝宝自己去哪里，何时回来，让宝宝知道妈妈会回来。每天睡前也要尽可能安排固定的亲子互动时间，高质量的陪伴能满足宝宝与父母亲近的需求。这时，若宝宝夜醒，只要抚摸或轻拍，他就会知道妈妈在呢！

## 睡眠习惯

影响宝宝睡眠的睡眠习惯主要有两方面（图6-12）。

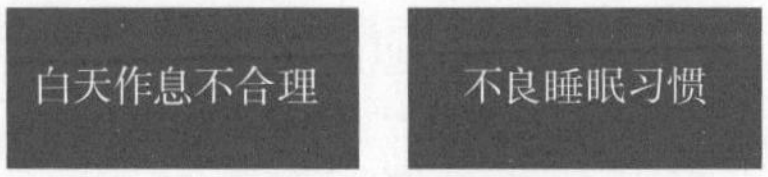

白天作息不合理　　不良睡眠习惯

图6-12　影响宝宝睡眠的睡眠习惯

1. 白天作息不合理

能量消耗不完全：较常见的是白天睡眠过多。宝宝白天睡觉都称为小睡，有的宝宝白天要睡2次，每次3~4小时，很容易黑白颠倒，晚上便"精神"十足，有"月亮不睡我不睡"的节奏。

能量消耗过度：有的宝宝可能白天能量消耗过度，睡得太少，夜间依然保持兴奋状态，难以入睡或容易夜醒。

因此，白天应该为宝宝安排合理的作息时间，白天小睡时间太短可以帮宝宝接觉，睡眠时间太长应将宝宝叫醒。另外，白天还应根据宝宝的年龄选择适宜的能量消耗方式，不要使宝宝消耗过大产生劳累感。

2. 不良睡眠习惯

最常见的不良睡眠习惯有两种：一种是奶睡，由于白天需要工作，疲惫了一天的父母遇到夜醒娃，第一反应就是用奶睡的方式堵住宝宝的嘴，抓紧时间继续睡；另一种是一醒就抱起来哄。这样长此以往都会令宝宝养成不良睡眠习惯。

要想彻底摆脱宝宝夜醒的烦恼，就要让宝宝学会自主入睡。家长可以采用哄睡降级的方法：从奶睡改为抱睡，从抱睡改为拍睡，再从拍睡改为声音哄睡，让宝宝循序渐进实现自主入睡。

宝宝夜醒确实让人备受煎熬，夜醒的情况也并不一定相同，但这些都是育儿路上的小插曲，多陪伴宝宝，了解其需求，一切困难都能慢慢解决。

如果宝宝夜醒的状况持续存在，采取相应措施后没有明显改善，已经影响到宝宝的生长发育（生长曲线异常），宝宝的精神状态持续不佳，建议请专业医生帮助排查原因，还宝宝一个"婴儿般的睡眠"。

##  这样喂养早产儿，可以实现追赶生长

都说怀孕前，宝宝在天上选妈妈，但有的宝宝在妈妈的肚子里实在待不住，迫不及待想见到自己的妈妈，于是就提前来到了这个世界，这些宝宝就是早产儿。早产儿是指出生时胎龄小于 37 周的新生儿，早产儿是新生儿死亡发生的重点人群，也是易发生远期健康问题的高危人群。2019 年研究报告显示，全球早产儿发生率为 10.6%（9.0%~12.0%），中国早产儿发生率为 6.9%（5.8%~7.9%）。

风险评估

1. 早产儿校正月龄计算方法

校正月龄 = 月龄—（40 —实际孕周）/4

例如：胎龄 32 周的早产儿，出生后 4 月龄，按校正月龄公式计算为 4 —（40 — 32）/4=2，所以该早产儿校正月龄为 2 个月，评价其生长情况应以 2 月龄正常婴儿为参照。

2. 早产儿分类

早产儿可以分为低危早产儿与高危早产儿。正确认识和评估早产儿的营养风险，可以更好地实现个性化的喂养（图 6-13）。

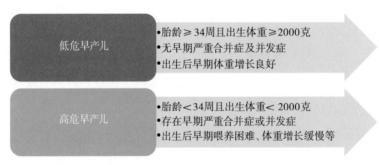

图 6-13　早产儿的分类与风险评估

喂养乳类的选择

母乳是婴儿的最佳食品，母乳喂养有助于早产儿尽快补充肠道营养、减少住

院期间感染及坏死性小肠结肠炎等疾病的发生，并有利于远期神经系统发育，所以母乳充足的妈妈应进行母乳喂养，这是早产儿早期喂养的首选。

当然，如果宝宝出生体重极低、消化道不成熟、营养储备少或母乳量不足，还可以有其他选择。早产儿的喂养乳类的选择见图6-14。

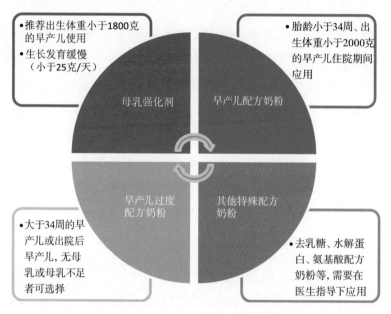

・推荐出生体重小于1800克的早产儿使用
・生长发育缓慢（小于25克/天）

・胎龄小于34周、出生体重小于2000克的早产儿住院期间应用

母乳强化剂　　早产儿配方奶粉

早产儿过度配方奶粉　　其他特殊配方奶粉

・大于34周的早产儿或出院后早产儿，无母乳或母乳不足者可选择

・去乳糖、水解蛋白、氨基酸配方奶粉等，需要在医生指导下应用

图6-14　早产儿的喂养乳类的选择

## 辅食添加与其他营养剂补充

### 1.辅食添加

在保证足量母乳和（或）婴儿配方奶粉等乳类喂养的前提下，根据发育和生理成熟水平及追赶生长情况，矫正月龄6个月开始添加辅食，添加辅食过早会影响摄入奶量或导致消化不良，辅食添加过晚会导致食物营养素不足或造成进食技能发育不良。宝宝辅食首选强化铁的米粉、蔬菜泥、水果泥；矫正月龄7个月后可以提供肉、禽、鱼及蛋黄类辅食。

### 2.营养及补充

铁剂：根据宝宝的体重，每千克体重每天补充2毫克铁剂，酌情补充至矫正12月龄。食用其他富含铁的食物时，酌情减少铁剂的补充量。

维生素 D：每天补充 800~1000 国际单位的维生素 D，3 个月后改为每天补充 400~800 国际单位，直到 2 岁（该补充量包括食物、日光照射、维生素 D 制剂的含量）。

维生素 A：根据宝宝的体重，每千克体重每天补充 1332~3330 国际单位的维生素 A，出院后可参照下限进行补充。

钙和磷：根据宝宝的体重，每千克体重每天补充 70~120 毫克的钙，以及 35~75 毫克的磷。矿物质推荐量包括配方奶粉、人乳强化剂、食物和铁钙磷制剂中的含量。

DHA：根据宝宝的体重，每千克体重每天补充 55~60 毫克的 DHA，直至正常预产期。

对于早产儿的营养管理目标是，促进适宜的追赶生长；预防各种营养素的缺乏或过剩；保证神经系统的良好发育，有利于远期健康。

只要正确进行风险评估，选择适宜的喂养乳类，适当添加辅食及其他营养元素，早产宝宝可以实现追赶生长。

## 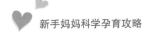 抚触、排气操和被动操，助力宝宝吃得香、睡得好

爸爸妈妈最大的希望就是宝宝身体健康。宝宝要是能吃得香、睡得好，养娃就成功了一大半。

### 抚触

婴儿抚触是用手对婴儿的全身进行有序按摩，以科学、温和的手法刺激宝宝皮肤，并通过感受器传输到宝宝的中枢神经系统。这是一种特殊的亲情交流方式。相关研究证明，抚触可以促进婴儿健康发育，减轻婴儿对刺激的应激反应，减轻婴儿焦虑；促进肠道蠕动和消化吸收；增加睡眠时间，促进宝宝的生长发育，减少相关并发症的发生。

婴儿抚触有很多好处，因为初生宝宝的自我活动能力有限，特别需要父母进行身体互动。

排气操

排气操可以助力宝宝健康成长。排气操可以在宝宝胃肠道发育不完全时，有效缓解肠胀气，减轻宝宝不适感。

1.做操前准备

● 给宝宝穿上宽松舒适的衣服，尽量选择表面较光滑平整的衣服，无扣子、拉链等凸起，避免弄痛宝宝。

● 室温以宝宝舒适为宜，减少对流风，避免宝宝着凉。

● 避免在喝奶后马上做操，以免吐奶，可以选择在喝奶后半小时再开始。

● 为宝宝做排气操前，注意检查父母的指甲是否过长，除去手上的饰品，避免刮伤宝宝。

● 洗净双手，注意手部温度不要太凉，以免刺激宝宝。

2.操作

排气操的具体操作见表6-6。

表6-6 排气操的具体操作与图例

| 动作名称 | 具体操作 | 图例 |
| --- | --- | --- |
| 乾坤大挪移 | • 宝宝平躺<br>• 以宝宝肚脐为中心，掌跟顺时针按摩宝宝腹部<br>• 力度温和，杜绝压迫<br>• 每次5~10圈 | |
| 推心置腹 | • 宝宝平躺<br>• 双手交替，从宝宝胸口至大腿根左右交替做5~10次<br>• 双手并排，同时从宝宝胸口至大腿根做5~10次 | |

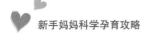

续表

| 动作名称 | 具体操作 | 图例 |
|---|---|---|
| 空中自行车 | • 宝宝平躺<br>• 握住宝宝脚踝至膝盖，双腿交替向腹部轻轻推压，左右各 5~10 次 | |
| 膝盖顶压 | • 宝宝平躺<br>• 双手抓住宝宝小腿令其屈膝，双膝并拢，抵住宝宝的腹部<br>• 双膝向上弯曲到宝宝腹部，温和压迫 1~2 秒，再伸直双腿<br>• 重复 5~10 次 | |
| 手摸膝盖 | • 宝宝平躺<br>• 一手握住宝宝左膝盖，另一手握住宝宝手臂，两手同时靠近，让宝宝的手触碰自己的膝盖，再复位，左右手交替<br>• 重复 5~10 次 | |

3. 注意事项

要选择在宝宝心情愉悦的时候做操，若宝宝在做操期间哭闹，应停止做操，不要强求。此外，在宝宝脐带未脱落时，尽量保护好脐带及周围皮肤。

被动操

被动操可以在宝宝自主活动能力弱的时期，帮助宝宝增强对外界环境的适应程度，促进动作发展，使宝宝无意无序的动作逐渐发展为协调的、有目的性的动作。

1. 做操前准备

基本准备工作同"排气操"。但由于被动操翻动宝宝身体的机会较多，应在哺乳前1小时左右做操，避免宝宝吐奶。

2. 具体操作

被动操的具体操作见表6-7。

表6-7　被动操的具体操作与图例

| 动作名称 | 具体操作 | 图例 |
|---|---|---|
| 胸前交叉式 | • 宝宝平躺，握住宝宝双手<br>• 宝宝双臂张开<br>• 双臂胸前交叉<br>• 力度温和，重复5~10次 |  |
| 投降式 | • 宝宝平躺，握住宝宝双手<br>• 向上令宝宝左手肘关节弯曲，还原<br>• 向上令宝宝右手肘关节弯曲，还原<br>• 力度温和，重复5~10次 | |
| 举手式 | • 宝宝平躺，握住宝宝双手<br>• 以肩关节为中心，由内而外做圆形的旋转肩关节的动作，左右交替<br>• 力度温和，重复5~10次 | |
| 上肢伸展 | • 宝宝平躺，握住宝宝双手<br>• 双手外展→胸前交叉<br>• 双手举过头顶→还原（类似重复第1和第3式）<br>• 力度温和，重复5~10次 | |

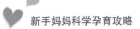

续表

| 动作名称 | 具体操作 | 图例 |
|---|---|---|
| 踝关节运动 | • 宝宝平躺，一手握住宝宝脚踝，另一手握住宝宝脚掌<br>• 温和地使踝关节上屈下伸，左右脚交替<br>• 力度温和，重复5~10次 | |
| 膝关节运动 | • 宝宝平躺，双手握住宝宝小腿<br>• 交替伸展膝关节（类似排气操的"空中自行车"）<br>• 力度温和，重复5~10次 | |
| 抬腿 | • 宝宝平躺，腿部伸直，双手掌心向下，握住宝宝膝关节<br>• 将宝宝下肢合并，一起抬起伸直上举90°，还原<br>• 动作轻缓，重复5~10次 | |
| 转体运动 | • 宝宝平躺，一手将宝宝双手护在其胸前，另一手垫在宝宝背部<br>• 以宝宝髋关节为中心转动，使宝宝从仰卧转为侧卧、俯卧，再转为仰卧<br>• 注意翻转时双手配合，动作轻缓，重复5~10次 | |

3. 注意事项

动作幅度不宜过大，要温和轻柔。被动操过程中可以播放一些舒缓的音乐，多和宝宝说话，在陪伴运动的同时促进亲子语言交流，让宝宝大脑接受多方面的信号刺激，促进神经系统的发育。

综上所述，父母帮助宝宝做操（图6-15），不仅能改善宝宝胃肠不适感，促进宝宝大运动发展，更有利于促进亲子间的情感交流。宝宝的身心放松了，自然也就吃得香、睡得好了。

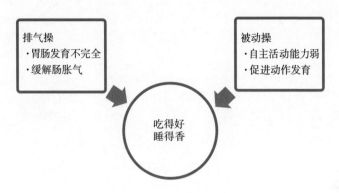

图 6-15 **排气操和被动操**

# 第七章

# 麟儿初长成，4~6月龄宝宝成长关键期

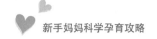
## 宝宝厌奶期，不吃母乳怎么办

在喂养宝宝期间，相信很多妈妈会发现这样的情况，一向"嗜奶如命"的宝宝，突然间奶量骤减，或者不再像往常一般专心喝奶，而是东张西望，吃吃停停，偶尔还对着你笑。这可把家里人急坏了。

是不是宝宝进入了厌奶期？

宝宝还小，不能添加辅食，奶是唯一的食物来源，这可怎么办才好？

下面咱们就来探讨一下这个问题。

首先，关于"厌奶期"，其实并没有一个学术上的说法，通常认为是宝宝"厌奶"的情况，表现为宝宝突然奶量减少、胃口不佳，甚至抗拒喝奶，而这种现象在宝宝生长发育过程中十分常见。

所谓的"厌奶期"，其实只是大家为"宝宝不吃奶"这件事贴上的标签，误导性较强。

宝宝的生长发育状况呈螺旋式上升，厌奶是阶段性的，只要这期间宝宝有良好的精神状态，在自己的生长曲线范围内，就不必担心。

想知道解决问题的方法，咱们就得先知道"厌奶"究竟是为什么，才能避免或解决它。

### 厌奶的原因

宝宝厌奶主要与环境、生理、病理3方面因素有关（图7-1）。

1. 环境因素

衔乳方式不合理，宝宝吸奶较困难。

过早使用奶嘴，尚未形成良好的哺乳习惯，对奶嘴产生依赖，对哺乳兴致不高。

妈妈哺乳的影响，主要表现在：乳汁过多或过少；乳头内陷；哺乳期摄入宝宝不喜欢的食物，如蒜、洋葱等；妈妈身体不适，服用药物；妈妈体味改变。

2. 生理因素

出牙期：此时宝宝的乳牙正奋力萌出，宝宝可能因为牙龈红肿、炎症等不适症状导致食欲下降。

图 7-1 宝宝厌奶的原因

探索欲增强：宝宝生理发育越来越成熟，周围刺激因素较多时，容易产生好奇心。对小宝宝来说，拨弄手指、看着妈妈笑、听下雨的声音，都比吃奶有趣多了，自然会对"吃奶"这件事分心。

辅食添加：添加辅食后，宝宝对母乳的需求会降低，并且多样化的食物使宝宝"喜新厌旧"。尝过了新鲜事物，宝宝对母乳兴致可能降低了。

3. 病理因素

宝宝如果除了厌奶，还出现了其他异常症状，如睡眠受到影响，精神状态不佳，无故哭闹，甚至伴随发热、呕吐等情况时，要考虑是病理性因素所致，常见于疫苗接种、肠胀气、消化不良、呼吸道感染导致的鼻塞等，应寻求专业医生的帮助！

摸清问题的痛点，找到关键所在，才能采取相应的预防措施和解决方案。如何预防宝宝出现厌奶状态，或者该如何正确度过这段时期呢？

预防措施

1. 保证适宜的哺乳环境

哺乳妈妈可以减少刺激性食物的摄入，避免宝宝不喜欢这个"口味"的母乳；尽量使哺乳环境单一、柔和、安静，减少宝宝对外界的注意力，让宝宝只对喝奶这件事专心。

2. 保持愉悦心情

妈妈的情绪会感染宝宝，宝宝其实能察觉妈妈的压力和心情。因此，哺乳妈

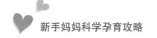

妈要尽量保持轻松，不要焦躁，否则宝宝在吃奶时可能会害怕和紧张。

3. 酝酿宝宝吃奶的情绪

在哺乳前，先让宝宝从活动状态慢慢安静下来，如果宝宝有平时经常拿着的小安抚巾或者小玩具，可以让其握着专心喝奶。

4. 合理安排辅食

根据《婴幼儿喂养与营养指南》，辅食最好在宝宝 6 个月时添加，最早不应早于 4 个月；每种辅食应单独循序渐进少量添加，避免宝宝排斥；保证宝宝辅食的口味清淡，尽量原汁原味，不宜过油过盐；辅食的量不能过多，对 1 岁前的宝宝来说，奶依旧是主要营养来源，否则辅食都吃饱了，哪还吃得下奶呢？

解决措施

1. 让宝宝适当活动

白天可以通过多让宝宝运动的方式消耗其能量，当宝宝的精力有损耗，感到饿的时候，厌奶的情况会得到改善。

2. 不强迫进食

成人也会有不想吃饭的时候，只要宝宝发育正常，对厌奶就不必过于担心。让宝宝自己决定奶量和吃奶时间，千万不要采取强迫的方式让宝宝喝奶，这样可能会让宝宝厌恶和恐惧喝奶。

3. 寻求医生帮助

如果出现病理性厌奶，或者厌奶期持续时间较长，宝宝已经出现了营养不良、偏离生长曲线的状态，应及时就医。

最后要说的是，所谓的厌奶是一种常见的现象。多观察宝宝的日常状态，保持心平气和的态度，千万不要看到宝宝不吃奶就心态崩塌。全家人要统一目标，用科学的方法缩短宝宝厌奶的时间。

## 掌握以下四点，宝宝萌牙期不再焦虑

宝宝一天天成长，会慢慢从无牙期进入出牙期（图 7-2）。通常情况下，在宝宝出生后 6 个月至 3 岁为乳牙列形成期，这个时期宝宝的 20 颗乳牙会相继萌出。

图7-2 宝宝萌芽期

宝宝进入出牙期，新手爸妈可能会产生很多疑问："我家宝宝10个月了还一颗牙都没有，是缺钙吗？""宝宝的出牙顺序怎么杂乱无序呢？"尤其是与朋友家、邻居家的宝宝一对比，发现宝宝出牙的情况差异巨大。

对于萌牙期的这些问题，下面来一一解答。

### 牙齿萌出的时间

不同宝宝牙齿萌出的时间存在较大差异，造成差异的因素有许多，如遗传因素、环境因素（图7-3）。其中，环境因素的影响更为普遍，通常情况下，女宝宝比男宝宝的牙齿钙化和萌出时间要早，寒冷地区的宝宝会比温热地区的宝宝出牙迟一些。不同宝宝的长牙历程并没有可比性，父母们不必过于担心宝宝出牙早晚的问题。

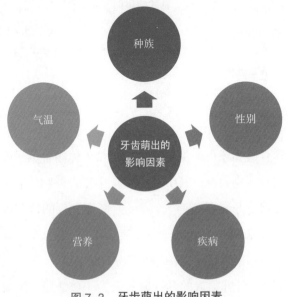

图7-3 牙齿萌出的影响因素

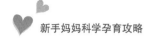

宝宝乳牙的萌出时间虽然有早有迟，但可以通过适度啃咬硬物如牙胶、磨牙棒等来锻炼咀嚼能力，助力乳牙萌出。

### 牙齿萌出的顺序

宝宝牙齿通常会按照一定的顺序萌出（图7-4），萌出顺序紊乱可能导致牙齿错合，所以牙齿萌出的顺序比萌出时间更有意义。

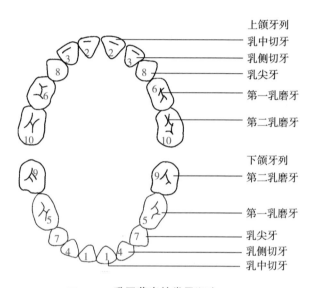

上颌牙列
乳中切牙
乳侧切牙
乳尖牙
第一乳磨牙
第二乳磨牙

下颌牙列
第二乳磨牙
第一乳磨牙
乳尖牙
乳侧切牙
乳中切牙

图 7-4　乳牙萌出的常见顺序

注　乳牙萌出的常见顺序：1：中切牙（下颌）；2：中切牙（上颌）；3：侧切牙（上颌）；4：侧切牙（下颌）；5：第一乳磨牙（下颌）；6：第一乳磨牙（上颌）；7：尖牙（下颌）；8：尖牙（上颌）；9：第二乳磨牙（下颌）；10：第二乳磨牙（上颌）。

### 萌牙期需不需要补钙

钙是构成人体骨骼和牙齿的主要成分，钙是人体内含量最多的矿物质。正常人体内含有 1000~2000 克的钙，其中 99.3% 集中于骨骼和牙齿组织。

根据《婴幼儿喂养与营养指南》，0~6 月龄婴儿钙的适宜摄入量（AI）每天为 200 毫克，7~12 月龄每天为 250 毫克（表 7-1）；1~3 岁儿童钙的平均需要量每天为 500 毫克，推荐摄入量（RNI）每天为 600 毫克。

0~6 月龄婴儿通过母乳摄入的钙一般每天为 182 毫克，添加辅食后，食物中的钙基本能满足生长所需，只要保证宝宝喝够足量的母乳或配方奶粉，日常饮食均衡，身长、体重在自己的生长曲线范围内，在萌芽期并不需要额外补充钙剂。但若宝宝奶量不足，日常挑食，生长发育减缓导致乳牙萌出过晚，可以咨询相关医生是否由于缺钙引起，若确实缺钙则需要补足。

切不可盲目过度补钙，应注意适量原则，摄入过量的钙一方面影响其他矿物质的吸收，另一方面长期服用或短期大剂量服用会使肠道吸收的钙增多，增加结石的风险。

表 7-1　婴幼儿常量矿物质推荐摄入量（RNI）、适宜摄入量（AI）和可耐受最高摄入量（UL）（mg/d）

| 年龄 | 钙 | 磷 | 钾 | 钠 | 镁 | 氯 |
|---|---|---|---|---|---|---|
| 0 岁~ | 200（AI）<br>1000（UL） | 100（AI）<br>—（UL） | 350（AI）<br>—（UL） | 170（AI）<br>—（UL） | 20（AI）<br>—（UL） | 260（AI）<br>—（UL） |
| 0.5 岁~ | 250（AI）<br>1500（UL） | 180（AI）<br>—（UL） | 550（AI）<br>—（UL） | 350（AI）<br>—（UL） | 65（AI）<br>—（UL） | 550（AI）<br>—（UL） |
| 1 岁~ | 600（RNI）<br>1500（UL） | 300（RNI）<br>—（UL） | 900（AI）<br>—（UL） | 700（AI）<br>—（UL） | 140（AI）<br>—（UL） | 1100（AI）<br>—（UL） |
| 2 ~ 3 岁 | 600（RNI）<br>1500（UL） | 300（RNI）<br>—（UL） | 900（AI）<br>—（UL） | 700（AI）<br>—（UL） | 140（AI）<br>—（UL） | 1100（AI）<br>—（UL） |

注　数据引自《中国居民膳食营养素参考摄入量（2013 版）》，"—"表示未制定参考值。

### 补充适量维生素 D

宝宝在正常饮食、健康状态下通常是不会缺钙的，牙齿萌出延迟的大部分原因是缺乏维生素 D。

维生素 D 是一种参与调节钙、磷代谢的激素前体，它是生命必需的微量营养素和钙、磷代谢的重要生物调节因子，能促进肠道对钙和磷的吸收，促进牙齿和骨骼的生长发育，也与机体的营养状况、暴露阳光的程度密切相关。

处于快速生长发育期的宝宝对维生素 D 的需要量较高，是维生素 D 缺乏的高危人群。建议 0~12 月龄婴儿的维生素 D 适宜摄入量每天为 10 微克。

美国儿科学会制定的维生素 D 摄入标准是母乳喂养的宝宝每天需要补充 400

国际单位的维生素 D，配方奶粉喂养的宝宝要保证配方奶粉中维生素 D 的含量高于 400 国际单位。

牙齿萌出是宝宝生长发育过程中的正常生理现象，父母们可以给宝宝准备咬胶，刺激宝宝牙龈，使牙齿穿透牙龈黏膜顺利萌出。此外，一定要避免"乳牙能换，无所谓"的误区，重视宝宝的口腔卫生。乳牙一旦萌出，在进食后父母就应该用纱布蘸清水清洁宝宝牙面。随着乳牙逐渐萌出，父母可以选择合适的牙刷帮宝宝刷牙，从小培养宝宝刷牙的兴趣，让宝宝爱护牙齿，重视口腔健康！

##  宝宝学坐，千万不要操之过急

宝宝一天天长大，将慢慢学会抬头，学会翻身。宝宝每一个进步，都值得全家人为他高兴。

相信很多父母在育儿过程中听到过一些顺口溜，如"二抬四翻六会坐，七滚八爬周会走""三翻六坐"等，总之感觉快到半岁，宝宝就肯定得坐起来了，于是不管宝宝目前的生长发育状况，就开始"拔苗助长"，殊不知这样会对宝宝幼嫩的脊柱造成伤害。

宝宝何时会坐

根据世界卫生组织的研究，在宝宝生长发育过程中，运动能力发育有六大里程碑，包括独坐、扶站、手膝爬、扶走、独站、独走（图 7-5）。

独坐的标准：坐直，头直立至少 10 秒，不使用手臂或手来平衡身体或支撑姿势。

宝宝能够独坐的年龄段从不足 4 月龄至 9 月龄，中位数为 5.9 月龄，所以与顺口溜中的"六坐"时间接近。

但是每个宝宝的生长发育情况不同，存在较大的个体差异。只要在 4~9 月龄内会坐，生长发育的指标都是正常的，父母就不必过分焦虑（早产儿、低体重儿或伴有其他疾病的宝宝请咨询相关专业医生）。

宝宝的大运动发展也是循序渐进的，过早学坐，宝宝的骨骼软、肌肉力量弱，在外力作用下易导致脊柱变形；而过晚学坐可能造成宝宝的大运动发育延迟。

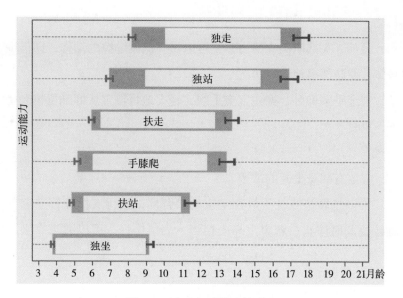

图 7-5　宝宝运动能力的发育

宝宝在学坐之前需要学会自主翻身和趴着，父母可以先锻炼宝宝趴卧及翻身的技能，磨刀不误砍柴工，技能达标之后宝宝自然会产生"坐起来"的欲望。当宝宝达到以下两个指征时，就可以帮助宝宝进行学坐的辅助训练了（图7-6）。

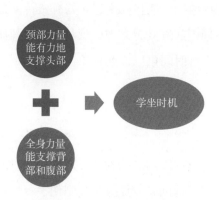

图 7-6　宝宝学坐的时机

## 学坐的训练方法

### 1. 多练习趴卧和翻身
多练习趴卧和翻身可增强宝宝颈部、背部肌肉群的力量，为学坐蓄力。

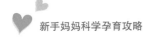

2. 拉坐

时机：颈部、头部肌肉支撑力强，可以做类似俯卧撑的动作，即借助手臂力量支撑身体，使胸部离地。

方法：宝宝平躺仰卧，握住宝宝手腕，轻柔地将宝宝从仰卧位拉到坐位，再缓缓放下，重复5次。

3. 靠坐

时机：宝宝有翻身坐起的欲望。

方法：可以将靠垫或枕头放在宝宝的腰背部，进行支撑。若宝宝靠着马上失去平衡，要及时停止；若宝宝靠坐稳当，表情愉悦，可以适当靠坐，但不宜过久。

4. 扶坐

时机：颈背部肌肉力量强，可借助双手力量扶着固定的物体或地面坐起，背部能逐渐伸直。

方法：保证宝宝扶坐环境安全，不强求宝宝独坐，不使宝宝失去依靠物，可由宝宝自己决定练习的时长。

5. 独坐

时机：不用任何支撑辅助就能自己坐起，并有扭转上身的意愿。

方法：可以在宝宝周围放置其感兴趣的玩具，引起其抓取玩耍的欲望，锻炼其上半身转动的能力，训练时间可以逐渐延长。

## 学坐的注意事项

1. 环境舒适且安全

在学坐时要保证环境及周围物品的安全性。宝宝此时的探索欲很强，学坐时可以用垫子、游戏毯或围栏辅助，避免宝宝受到伤害；切不可将宝宝独自放在没有防护的床或沙发上练习，以防宝宝控制力不佳，动作过猛跌落受伤。

2. 练习时长适宜

宝宝初学坐时，应循序渐进，5分钟左右比较合适，避免长时间坐姿对宝宝脊柱发育不利；练习完后，宝宝也需要好好放松背部肌肉，父母可以适当给宝宝进行背部的抚触。

### 3. 坐姿要正确

可采取双腿向前分开的姿势（"八"字形），这种坐姿较稳定，利于宝宝控制，也可盘坐；但不可以跪坐（双腿 W 形或腿压在臀部以下），不利于宝宝腿部发展。

小贴士

　　一定要记住，宝宝的生长发育有自己的规律，是循序渐进式的，父母不要盲目攀比，拔苗助长，以免伤害宝宝。

## 正确认识宝宝的营养需求

　　每个妈妈都希望宝宝能获得足够的营养，健康快乐地成长。特别是在宝宝 1 周岁以前，新手爸妈对宝宝的营养问题特别关注。宝宝的营养够了吗？宝宝需要哪些营养？微量元素需要额外补吗？这些都是大家关心的问题。下面一起来了解宝宝的营养需求，避免育儿路上手忙脚乱。

　　婴幼儿的能量和营养素主要来源于母乳（一般建议 6 月龄前纯母乳喂养）及食物（添加辅食后），所需营养素也就是六大营养素：蛋白质、脂肪、碳水化合物、维生素、矿物质和水。

能量

婴幼儿所需的能量一般用于 4 方面（图 7-7）。

1. 生长发育所需

这个阶段的宝宝生长发育迅速，要摄取足够的能量满足生长所需。

2. 维持基础代谢

因为这个阶段的宝宝体表面积相对较大，能量容易损失，所以基础代谢率较高，维持基础代谢所需的能量也比较多。

3. 食物热效应

人在摄食过程中，除了夹菜、咀嚼等动作会消耗热量外，因为要对食物中的

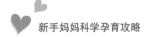

营养素进行消化吸收及代谢转化，还需要额外消耗能量。这种因为摄食而引起的热能消耗就称为食物热效应。

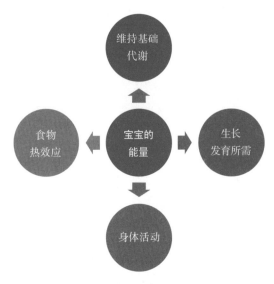

图 7-7　宝宝的能量需求

### 4. 身体活动

这一阶段宝宝活动量较小，所以身体活动消耗的能量也相对不多。

如果宝宝每天的能量摄入量大于需要量，就会出现肥胖、超重的现象。研究证实，心血管疾病、糖尿病等与婴儿时期的饮食营养有一定相关性。因此，不要给宝宝过度进食。但如果长期总能量供给不足，可能导致宝宝生长发育迟缓、营养不良，甚至贫血。

根据中国营养学会的建议，2 周岁以内宝宝每天的能量需求见表 7-2。

表 7-2　2 周岁以内宝宝每天的能量需求

| 年龄 | 男 | 女 |
|---|---|---|
| 0~6 月龄 | 90 千卡 / 千克 | 90 千卡 / 千克 |
| 6~12 月龄 | 80 千卡 / 千克 | 80 千卡 / 千克 |
| 1~2 周岁 | 900 千卡 | 800 千卡 |

## 碳水化合物、蛋白质和脂类

### 1. 碳水化合物

6月龄内的宝宝推荐纯母乳喂养，母乳一般能满足其全部营养需要，碳水化合物的适宜摄入量每天为60克；7~12月龄，碳水化合物的适宜摄入量每天为85克。

### 2. 蛋白质

6月龄内婴儿，9种必需氨基酸的需要量均比成人多5~10倍，蛋白质适宜摄入量每天为6克，按体重计算的适宜摄入量为1.5克/千克，非母乳喂养婴儿的蛋白质适宜摄入量应适当增加。7~12月龄婴儿的推荐摄入量每天为20克。

### 3. 脂类

高能量密度的脂肪是婴儿生长发育所必需的。营养状况良好的乳母，其乳汁能满足6月龄内宝宝的营养需要。7~12月龄宝宝，膳食脂肪提供的能量，最好占总能量的40%。

碳水化合物、蛋白质和脂类的生理功能、推荐量、来源见表7-3。

表7-3　碳水化合物、蛋白质和脂类的生理功能、推荐量、来源

| 项目 | 碳水化合物 | 蛋白质 | 脂类 |
|---|---|---|---|
| 生理功能 | • 人类最经济和最主要的能量来源<br>• 参与细胞组成和多种生命活动 | • 构成人体组织、器官的重要成分<br>• 组织修复的重要成分<br>• 生长发育期的儿童需要9种氨基酸 | • 构成人体细胞的重要成分<br>• 合成某些维生素和激素的前体<br>• 保温和保护作用 |
| 推荐量 | • ≤6月龄：每天60克<br>• 7~12月龄：每天85克 | • <6月龄：每天6克或1.5克/千克<br>• 7~12月龄：每天20克 | • ≤6月龄：乳汁<br>• 7~12月龄：膳食脂肪提供的能量最好占总能量的40%<br>• DHA在1周岁内需求量为0.1克 |
| 来源 | • 谷类和薯类<br>• 糖果、甜食、糕点<br>• 甜味水果 | • 动物性蛋白质（包括禽、畜和鱼虾类）<br>• 植物性蛋白（豆类） | • 食用油、动物性食物和坚果类食物 |

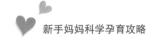

## 维生素

与宝宝生长发育相关的维生素有 12 种，分为脂溶性维生素和水溶性维生素两类，表 7-4 为几种重要维生素的推荐量及来源。

表 7-4　几种重要维生素的推荐量及来源

| 营养素 | 推荐量 | 来源 |
|---|---|---|
| 维生素 A | • ≤ 6 月龄：每天 300 国际单位<br>• 7~12 月龄：每天 350 国际单位<br>1 岁以内可耐受最高摄入量每天为 600 国际单位 | • 动物肝、蛋类和乳制品<br>• 深色蔬菜和水果 |
| 维生素 D | • 维生素 D 缺乏的高危人群<br>• 1 周岁内建议每天 400 国际单位 | • 外源性：鱼肝和鱼油、鸡蛋<br>• 内源性：皮肤暴露在阳光下，紫外线使皮肤中的 7- 脱氢胆固醇转化为维生素 $D_3$ |
| 维生素 $B_1$ | • ≤ 6 月龄：每天 0.1 毫克<br>• 7~12 月龄：每天 0.3 毫克 | 葵花子仁、花生、大豆粉、瘦猪肉 |
| 维生素 $B_2$ | • ≤ 6 月龄：每天 0.4 毫克<br>• 7~12 月龄：每天 0.5 毫克 | 奶类、蛋类、各种肉类食品 |
| 维生素 C | • ≤ 12 月龄：40 毫克 / 天 | • 人体不能合成维生素 C，必须由食物提供<br>• 新鲜蔬菜和水果 |

## 矿物质

人体所需的矿物质有常量元素和微量元素（图 7-8）。在所有矿物质中，钙、铁、碘、锌与宝宝的生长发育和健康状况密切相关，表 7-5 为 1 周岁内宝宝的推荐摄入量及食物来源。

一般而言，6 月龄以内的宝宝，如果纯母乳喂养（乳母营养摄入全面的情况下），除了维生素 D 需要补充，其余不需额外摄入。但到了 6 月龄以上，单纯母乳喂养已不能满足宝宝对各种营养素的需求，所以需要逐渐引入辅食。

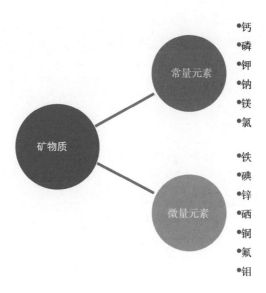

图 7-8　人体所需的矿物质

表 7-5　1 周岁内宝宝重要矿物质的推荐摄入量及食物来源

| 营养素 | 推荐量 | 来源 |
| --- | --- | --- |
| 钙 | • ≤6 月龄：每天 200 毫克<br>• 7~12 月龄：每天 250~260 毫克 | • 奶和奶制品<br>• 豆类、小鱼、小虾和绿色蔬菜 |
| 铁 | • ≤6 月龄：每天 0.3 毫克<br>• 7~12 月龄：每天 10 毫克 | • 动物性食物的铁含量和吸收率高于植物性食物<br>• 动物肝、动物全血、畜禽肉、鱼<br>• 维生素 A 和维生素 C 可促进铁的吸收 |
| 碘 | • ≤6 月龄：每天 85 微克<br>• 7~12 月龄：每天 115 微克 | • 海产品食物<br>• 食盐加碘、碘油 |
| 锌 | • ≤6 月龄：每天 2 毫克<br>• 7~12 月龄：每天 3.5 毫克 | • 贝壳类海产品<br>• 瘦肉、动物内脏 |

　　当然，如果养育宝宝期间，发现宝宝的生长发育缓慢，不在生长曲线范围内，需要及时就医。若是某种营养素缺乏导致宝宝发育迟缓，应及时补足。

第八章

稚齿微微开，

7~9月龄宝宝饮食、

牙齿和言语

 **用美味辅食，帮宝宝打开新世界的大门**

在宝宝的养育过程中，"吃"是很重要的一个环节。

出生 6 个月内，母乳是宝宝最理想的食物，基本能满足宝宝日常全部营养需求，因此，各国婴幼儿喂养指南中都推荐纯母乳喂养（需额外补充维生素 D）。6 个月后会逐渐添加辅食，合理的辅食添加对宝宝的营养状况很重要，这是宝宝从乳类向成人食物过渡的必经阶段。

### 辅食的重要性

1. 满足宝宝对营养的需求

母乳提供的营养已经不能完全满足宝宝生长发育的需要，所以要及时添加辅食。

2. 促进消化能力的发育

及时添加辅食可使宝宝不断适应新的食物，促进味觉、咀嚼、吞咽和消化功能的发育，培养宝宝良好的饮食习惯。

3. 帮助宝宝心理行为发育

辅食在被动哺乳到主动进食的转变过程中发挥了重要作用，利于亲子关系的建立和宝宝情感能力、认知能力、语言能力、交流能力的发育。

### 辅食添加的时机

何时添加辅食，这是一个困扰新手妈妈的问题。

WHO 建议纯母乳喂养至 6 月龄，然后在继续母乳喂养的同时添加适宜的辅食。而在英国和美国的喂养指南中则建议宝宝在 4~6 月龄开始逐渐添加固体食物，一般不能早于 4 月龄。

其实宝宝的发育进程各不相同，对添加食物的适应性也存在个体差异，添加辅食的时间可以灵活掌握。

若宝宝出现表 8-1 中的情况，可以考虑提前（还不足 6 月龄）添加辅食。

表 8-1 宝宝提前添加辅食的情况

- 母乳不能满足宝宝的需求，即每天喂 8~10 次仍觉得饿，生长发育不理想

- 宝宝有进食欲望，看见食物会张嘴想吃

- 宝宝具备吞咽辅食的能力

- 体重比出生体重增加 1 倍

## 辅食添加的原则

### 1. 持续母乳喂养

添加辅食后，也不能断奶。这期间，母乳依然是宝宝重要营养素和免疫因子的来源。添加辅食初期基本不减少奶量，中后期随着辅食添加量的增加才需要适当地减少奶量。

### 2. 从单一到多样

添加辅食时品种应逐一添加。一方面，宝宝对新食物需要适应过程，一般建议一种新食物喂 10~15 次，宝宝接受后再添加另一种新食物。另一方面，让宝宝逐一适应新食物有利于家长判断宝宝对新食物的反应情况，如消化情况和是否出现食物过敏的情况。

### 3. 从少到多

辅食添加量应从少到多，如刚开始半勺米粉，然后增加至 1 勺，再逐渐增加到 3~4 勺。

### 4. 从细到粗

宝宝添加辅食应考虑其吞咽能力和咀嚼能力。刚开始添加辅食，应选择较稀的糊状食物。随着吞咽能力增强，牙齿萌出增多，再逐渐过渡到半固体的泥糊状、细颗粒状、粗颗粒状和固体小块状食物。

### 5. 单独现做

制作宝宝的辅食要注意洁净卫生，现做现吃（米粉等不方便自制的食物应现吃现泡），不添加盐、糖及其他调味品。

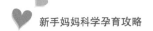

 **选择宝宝餐具，安全材质最重要**

俗话说"病从口入"。餐具使用频率高，其重要程度不言而喻，所以对于"吃"这一点，除了把餐食做得营养健康外，还应重视宝宝餐具的选择。

宝宝的餐具应具备无毒、美观、轻便、易洗、耐摔等特征，而放眼市面上的宝宝餐具，每种材质都有各自的优缺点。下面盘点一下各类材质餐具的特点，便于家长们参考选择。

### 玻璃和陶瓷餐具

这两种材质的餐具最为常见，材质本身的安全性很高（应避免选择有金属装饰的陶瓷餐具），但都有一个缺点，就是易碎。在宝宝的自我控制能力还没有完全发育的时候，很容易不小心打碎餐具，扎伤自己，所以通常不建议宝宝使用玻璃或陶瓷类餐具。

当然，仅用来盛放餐食或做饭时辅助使用是没有问题的。但注意此类餐具尽量不要盛放酸性食品，以免与餐具中的铅形成可溶性铅，对人体造成潜在危害。

### 木质餐具

木质餐具轻便、耐摔，如果选择的是不刷漆的餐具，基本上也无毒。

但这类餐具的缺点在于木质较易发霉，滋生细菌，尤其使用时间长、表面磨损后，更是细菌的温床。所以，在清洗时，不要用摩擦力大的清洁工具用力擦洗，使用期间也需频繁消毒。

### 不锈钢餐具

这种类型的餐具材质坚固耐用，不仅重量轻、易清洁，而且不易碎，也不容易滋生细菌，是较理想的宝宝餐具之一。

不锈钢是铁铬合金掺入一些微量元素制成的，在选择时尽量选含铬、镍的餐具（"13-0""18-8"等包装代号，第一个数字为铬含量，第二个数字为镍含量，铬防生锈，镍耐腐蚀）。

在挑选时可以随身带一块小磁铁，不能被吸引的是好的不锈钢餐具。

要注意的是，这类餐具不可长久盛放大量酱油、盐、醋等食品，以免与不锈钢发生反应，导致有害金属被溶解。

## 仿瓷餐具

仿瓷餐具花色多，款式齐全，美观，耐摔，耐高温高湿，耐溶剂性好，耐碱性好。

但市面上的仿瓷餐具鱼龙混杂，倘若买到质量不过关的产品，在高温下可能产生甲醛。常提到的"毒餐具"，很多就是这种质量不过关的仿瓷餐具。因此，在选择仿瓷餐具时要注意认准食品相关许可证 QS 标志，成分选择纯密胺或 100% 密胺的。在使用时也要注意材质的耐受温度，低于零下 30℃ 或高于 120℃，仿瓷餐具就有释放甲醛的可能性。尽量不要盛放酸性或碱性大的食物，如醋和乳制品。在清洗时也尽量使用软布，避免用摩擦力大的工具清洁，避免甲醛从划痕中迁移。此外，还要及时更换新的仿瓷餐具。

## 塑料餐具

如今，塑料制品已经渗透到我们的日常生活中，塑料的奶瓶和餐具也是琳琅满目，不仅轻便、耐摔，还便宜。

根据相关产品生产标准，可以选择婴幼儿专用材质的产品，如聚丙烯类 PP 材料，是较安全的材质。

要避免使用婴幼儿禁用的材料，如邻苯二甲酸酯暴露对生殖系统和呼吸道有影响，双酚 A（BPA）可能诱发性早熟，美国儿科学会提出，BPA 暴露与内分泌紊乱、肥胖和神经发育相关。

在使用塑料餐具时，应注意看材料的适用温度，并注意定期更换。

即便是安全的 PP 材料，仍有析出微塑料颗粒的可能，因此对待宝宝的餐具一定要谨慎。

不管爸妈选择什么材质的餐具，都一定要选择正规厂家的产品，由正规渠道购买，经过质量检测的宝宝餐具才能放心让宝宝使用，切不可贪图美观或便宜，导致宝宝"病从口入"，让美食变"毒食"，对宝宝的健康造成伤害。

## 添加辅食后，每天应该吃几顿

将添加辅食提上日程后，新手爸妈又有了新的疑虑："辅食和奶要怎么喂？先喂哪一种？""每天应该吃几顿？""如何循序渐进地添加辅食？"

宝宝从开始添加辅食到能自主进食成人食物，一般要经历一年半的时间，主要分为4个阶段（图8-1），整个过程琐碎而复杂，所以新手爸妈一定要有充足的耐心。

图 8-1　辅食添加的 4 个阶段

第一阶段（6月龄）

目的：让宝宝的食物逐渐从奶类向半固体辅食过渡，感受并接受辅食，不断练习并掌握吞咽和咀嚼等技能。

进餐频率和奶量：这一阶段，母乳喂养仍是基础，母乳喂养加上富含铁的食物是宝宝最理想的营养来源。建议每天给宝宝提供800~1000毫升的奶量，母乳应占宝宝每天能量来源的2/3；可以安排宝宝每天进食4~5次乳类和1~2次谷类为主的食物，辅食的频率可以根据宝宝的情况逐步添加，但每次食用量要以不显著影响乳类摄入为原则。

进餐的频率要参考食物能量的密度，喂食较稀薄的食物，频率就需要高些，反之进餐频率可以相对低些。通常情况下，固体食物的能量密度高于母乳。

辅食的种类和质地：这一阶段的辅食应保证易消化及不易致敏，建议以铁强化食物为主。推荐将高铁米粉作为宝宝的第一口辅食，当然也有的建议将肉泥作为宝宝添加的第一种食物，可以很好地补充宝宝需要的铁和锌。

米粉可用乳汁或温水调制成泥糊状，避免过稀或过稠；蔬菜、水果处理后捣成泥状，便于宝宝吞咽。

喂养方法：用勺子将食物送在宝宝舌体的前端，让宝宝自己通过口腔运动把食物移动到口腔后部进行吞咽；避免把食物直接送到宝宝舌体后端，以免造成宝宝卡噎或恶心、呕吐。

## 第二阶段（7~9月龄）

目的：宝宝逐渐萌牙，吞咽和咀嚼能力基本具备，消化系统也逐渐适应辅食，需进一步增加辅食的种类和数量。

进餐频率和奶量：乳类仍是重要的营养来源，这个时期母乳喂养每天至少3次，为婴儿提供700~800毫升的奶量。每天辅食喂养2次，谷类食物，如面条、面包或土豆等3~8勺（一勺约10毫升）；动物类、豆类食物如蛋黄、鱼肉类、动物肝、豆腐等3~4勺；蔬菜、水果类各1/3碗（一碗约250毫升）。

辅食的种类和质地：适当增加食物种类，要注意食物的能量密度和蛋白质的含量，尽量选择优质蛋白食物和深色蔬菜。另外，可根据辅食种类或烹制需要添加少许油脂，以植物油为佳（小于10克）；逐渐增加辅食的粗糙程度，可以从泥状过渡到碎末状。

喂养方法：提供一定的手抓食物，锻炼宝宝的咀嚼能力和动手能力，逐渐使用入杯子进食液体食物。

## 第三阶段（10~12月龄）

目的：强化喂养模式，继续锻炼宝宝的手眼协调能力，鼓励宝宝自主摄取食物，培养宝宝良好进食习惯。

进餐频率和奶量：母乳喂养每天2~4次，提供600~700毫升的奶量。建议根据婴儿需要增加进食量，一般每天2~3餐，加餐1次。进食量为每天谷薯类1/2~3/4碗，动物类包括蛋黄和鱼、肉类等4~6勺；蔬菜类和水果类各1/2碗，实际喂养中应视婴儿个体情况，按需喂养。

辅食的种类和质地：继续增加辅食的种类，油脂的量依然控制在10克以内，此时宝宝已经能咀嚼并消化更多粗加工食物，辅食质地可由泥状、碎末状食物

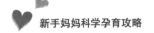

逐渐过渡到碎块状、指状食物，但应避免食物过滑或过硬，以防宝宝噎住或窒息。

1 岁以内的宝宝不宜食用蜂蜜，因为蜂蜜容易被肉毒杆菌污染，影响宝宝健康。

**喂养方法：**与家人一同进餐，宝宝可在爸爸妈妈的帮助下使用餐具吃饭，可以用勺子吃饭，用杯子喝水。不必要求使用方法的正确性，保证宝宝进餐时心情愉悦舒适即可。

爸爸妈妈需要多容忍宝宝进餐时造成的洒落，可事先在地上铺好地垫，以便清洁。

### 第四阶段（1~2 岁）

**目的：**进一步锻炼宝宝自主进食能力、培养并巩固宝宝良好饮食习惯。

**进餐频率和奶量：**每天所需奶量为 400~600 毫升，辅食应占食物量的一半以上，逐步成为宝宝的主要食物。每天 3 餐，每餐 1 碗，另加餐 2 次（在两次正餐之间各加 1 次）。

**辅食数量：**每天谷物类 3/4~1 碗，鸡蛋、肉类 6~8 勺，蔬菜类和水果类各 1/2~2/3 碗。

**辅食的种类和质地：**可逐渐引入易致敏的食物，如虾蟹、坚果等，注意观察添加后宝宝的反应。注意口味清淡，每天油脂的量小于 15 克，控制食盐量（建议这一时期的宝宝每天摄入 1.5 克左右的食盐）。应避免刺激性食物，同时也应避免较大块的肉、水果或蔬菜，以防造成吞咽困难。

**喂养方法：**和家人同桌吃饭，培养进食节律和良好饮食习惯，鼓励宝宝用勺、手拿等方式自主进食。12 月龄开始学习用吸管杯饮水，15 月龄开始学习用杯子喝奶或水，尽量做到 2 岁时能完全自主进食。让宝宝在进食过程中逐渐掌握进食技巧。

## 口腔健康，从宝宝抓起

新手妈妈在养育宝宝的过程中，总有很多的困惑，口腔健康就是其中之一。

随着时代的发展，大家对口腔护理越来越重视。从小正确护理，保持口腔健康，可以为宝宝将来的口腔健康打下坚实基础。

## 乳牙的重要性

有的父母可能认为，乳牙终有一天要换掉，不用太在意。实则不然，乳牙是婴儿、幼儿及学龄时期咀嚼器官的主要组成部分，不仅对孩子的生长发育有重要作用，还对之后正常恒牙列的形成有重要影响。父母需要消除"乳牙是暂时性的、无关紧要的"这种错误观点。

**1. 有助于宝宝生长发育**

健康的乳牙可以发挥良好的咀嚼功能，促进消化，对颌、颅底等软组织有功能性刺激，可以促进血液、淋巴循环，对颌面部的发育也有帮助。

**2. 有助于恒牙萌出及恒牙列形成**

乳牙对恒牙的萌出有诱导作用，乳牙过早丧失可能导致恒牙排列不齐。

**3. 有助于发音及保护心理**

乳牙萌出期与乳牙列期正好与语言发育期重叠，健康的乳牙有助于宝宝正确发音，而乳牙损坏则会给宝宝的心理带来不良影响。

## 预防龋齿

目前，公众对婴幼儿龋齿（图8-2）仍缺乏明确认识，婴幼儿龋齿治疗率较低。但是，婴幼儿龋齿会影响咀嚼和消化功能，影响身体的生长发育，严重的还可能导致严重疾病。所以，预防宝宝龋齿势在必行。

图8-2　婴幼儿龋齿的特点

**1. 喂养建议**

研究显示，乳牙萌出后按需母乳喂养和过长时间的母乳喂养是导致婴幼儿龋的重要因素，特别是含乳头入睡的婴幼儿患龋率显著高于不含乳头入睡者。因此，建议做到以下几点。

6 月龄前：纯母乳喂养，月龄增加后逐渐按照生长规律喂养宝宝，避免宝宝养成奶睡的习惯；同时减少夜间哺喂次数，6 月龄后最好不再吃夜奶。

6 月龄至 1 周岁：制作辅食时，建议保持食物原味，不建议在粥、果汁等食物里加糖，避免乳类或含糖饮料长时间停留在宝宝口中。此外，也要避免不洁的生活方式，如口口相传的喂养方式、口对口亲吻、共用餐具等，都可能将成人口腔的致龋菌传播给宝宝。

其他：1 岁以内的婴幼儿不建议喝果汁（包括 100% 纯果汁或果汁饮料），1~3 岁的幼儿每天喝果汁的量限制在 120 毫升以内。此外，还要避免在两餐之间进食含糖食品，不喝碳酸饮料。

2. 口腔卫生

为了有效预防龋齿，要采取正确的方法维护宝宝的口腔卫生，不仅在乳牙萌出之前需要注意，乳牙萌出之后也需要做好清洁。

萌牙前：婴儿唾液分泌量少，容易受到外界病菌的侵袭，因此家长需要帮助宝宝清洁口腔。具体方法是，家长认真洗手后，手指上包裹干净柔软的纱布，用温水轻拭宝宝的牙床、腭部和舌背。每天至少清洁 1 次，便于及时观察宝宝的口腔情况。

萌牙后：根据 WHO 建议，乳牙一旦萌出，家长就必须为婴幼儿刷牙了。刷牙以机械清洁为主，可以使用纱布、指套牙刷或儿童牙刷。乳磨牙萌出后，父母可使用小头牙刷，采用圆弧刷牙法清洁宝宝上下颌牙齿所有牙面，特别是接近牙龈缘的部位。父母可以逐渐教宝宝刷牙，帮助宝宝养成良好的口腔卫生习惯。但由于此时宝宝的手部精细动作发育不完善，不能把牙齿刷干净，所以还得由父母承担主要的刷牙任务。

其他：宝宝晚上刷牙后，直到睡觉前，就不要再吃东西了。宝宝的牙刷、牙杯要专用，避免细菌传染。宝宝的第一颗乳牙萌出后，建议使用含氟牙膏。为确保安全性和有效性，建议 3 岁以内的宝宝用含氟浓度为 500~1100 毫克 / 千克的牙膏，每次使用米粒大小（15~20 毫克），刷牙后使用纱布去除口腔内残留的牙膏，每天早、晚各刷牙 1 次。此外，宝宝乳牙萌出并建立邻接关系后，父母可使用牙线清理宝宝牙齿的邻面，建议每天至少使用 1 次牙线。

3. 口腔检查

首次检查时间：宝宝的第 1 颗牙齿萌出后 6 个月（通常为出生后 12 个月）内进行第 1 次口腔检查，判断宝宝乳牙萌出及口腔颌面部发育情况，并评估患龋风险。

口腔检查周期：根据首次检查后宝宝患龋风险的高低，低风险的宝宝每 6 个月检查 1 次，高风险的宝宝每 3 个月检查 1 次。

 ## 把握说话关键期，助力宝宝牙牙学语

语言是宝宝成长过程中的一个关键发育指标，学说话也是宝宝开始产生社会性交流的第一步。那么，宝宝什么时候学说话，怎么才能学说话，下面来看看这里面的学问，助力宝宝口吐莲花。

20 世纪美国神经语言学家埃里克·勒纳伯格（Eric Lenneberg）提出"儿童语言发展关键期"的概念，认为儿童语言发展关键期在 2~12 岁，这是人一生中最容易习得语言的阶段。然而，神经生理学证实了人类进化使得宝宝刚出生就有了语言学习的机制，能感知语言，也会受到周围语言环境中声音频率分布的极大影响。

根据早期儿童语言发展与脑发育关系的研究，儿童的脑发育机会窗口期对应不同方面的语言发展敏感期，语音学习的关键期多在 1 周岁以内（通常在 6~12月龄）；句法习得关键期多在 18~36 月龄，词汇发展关键期多在 18 月龄左右。

而在自然情境下的语言互动有促进新生儿语言产生和发展的作用，如 6 月龄内的宝宝能有效辨别世界上所有语言的不同声音，10~14 月龄学习语言的能力会受到社会文化的影响。所以，应在宝宝这些敏感的机会窗口期，给予其语言和环境刺激，促进宝宝语言及社会行为的发展。

### 0~3 月龄：哭不是宝宝的唯一技能

交流意识的产生：此时宝宝不会说话，但有自己的情绪和交流方式，所以父母应该在宝宝对事件作出反应时，与其进行相应的交流。

音乐启蒙：有利于培养宝宝的乐感，促进大脑发育，辅助语言发展。

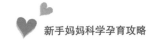

回应式交流：在与宝宝交流的过程中，要给宝宝反应的时间，多等待一会儿，让宝宝意识到交流是双向的。

## 4~6月龄：展现一定的社交技巧

绘本故事：这个时期的宝宝对声音敏感，给宝宝讲故事，虽然宝宝可能听不懂，但对其语言能力发展有辅助作用。

精准传达：家长可以把日常生活中的事件用生动的语言、激情的语调，配合一定的肢体动作，传达给宝宝，促进双方交流，为宝宝早日"说"打基础。

## 7~9月龄：助力宝宝发出音节

建立语音与意义的联系：利用各种机会引导宝宝，例如，当宝宝会发出"ma"的音，就让其把"ma"和妈妈联系起来，不断重复，让宝宝理解"妈妈"的含义；或者给宝宝指认生活中的物品，如桌子、沙发、毛巾等。

可以适当夸张一些：用夸张的语调和口型和宝宝说话，速度慢一些，刺激的信号越强，宝宝的接受度会越高。

不断重复：如吃饭、游戏、逛街、洗澡等，父母可以不断重复，但注意最好用固定、唯一的词语表达，有助于宝宝加深对这些日常活动关键词的印象。

## 10~12月龄：懂得语言的含义

回应自己的名字：这是对自我的最初认识。父母可以多呼唤宝宝的名字，与宝宝一起照镜子，利用电子产品给宝宝看自己的照片和日常的视频，帮宝宝认识自己。

多鼓励宝宝：这个阶段的宝宝发音不准是很正常的，千万不要嘲笑宝宝，应该多鼓励多表扬，促进宝宝语言、肢体动作的协调发展，便于日后交流。

宝宝的语言能力发展是循序渐进的，父母们要抓住宝宝每个阶段的特点，尽早说，重复说，引导说，促进宝宝语言表达能力的提升。切不可完全依赖早教产品或电子产品，无互动的单向输入对促进宝宝的语言发育是毫无帮助的。此外，应注意辅食不要过于精细，咀嚼能力锻炼的缺乏会影响宝宝面部肌肉的灵活性，影响宝宝的说话能力和发音清晰度。

第九章

蹒跚学步，
10~12 月龄宝宝
养护重点

 **宝宝学走路，从几月龄开始**

每个宝宝都有自己的生长发育轨迹，生长都是循序渐进的，父母在养育过程中千万不要过度焦虑。"学走路"这件事，也是一样的道理。那在宝宝学走路方面，父母能提供哪些帮助，从什么时候开始比较好呢？下面就来聊聊这个问题。

### 宝宝何时会走

宝宝的大运动里程碑包括独坐、扶站、手膝爬、扶走、独站、独走。根据世界卫生组织的研究，宝宝能够"独站"和"独走"的年龄区间是非常大的。学走路的快慢与宝宝的性格、心理，以及父母的教育理念都有一定的关联，一般宝宝在7~17月龄学会独站，在8~18月龄学会独走，就是正常的（图9-1）。

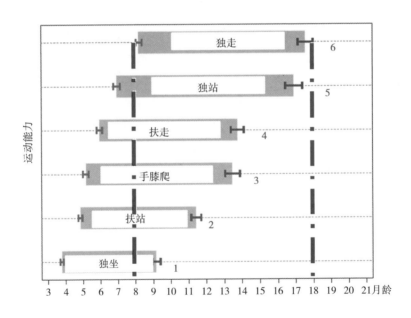

图9-1　宝宝独走的时间

当宝宝的身体做好了准备时，自然就会走，我们需要做的是在顺其自然的同时，为宝宝学走路创造尽可能多的条件，助力宝宝学走路。如果宝宝到18月龄依然不能独走，可以向相关专业医生寻求帮助。

## 父母如何引导

从图 9-2 可以看出，从 4 月龄开始，宝宝就在为自己的大运动发育悄悄做准备。而坐、站、走这些技能不可能一蹴而就，需要在父母的引导下积极练习才会日臻完善。父母的引导主要包括引导式锻炼、创造良好的锻炼环境，以及在练习过程中不断鼓励。

### 1.锻炼下肢力量

从图 9-2 的研究数据可以看出，几乎 90% 的宝宝运动发展的模式都是类似的，而从独坐→独站→独走的过程中，都离不开扶站、手膝爬和扶走这几个内容，只是时间顺序有所不同，由此可以看出下肢力量的锻炼是宝宝能独站和独走的关键。

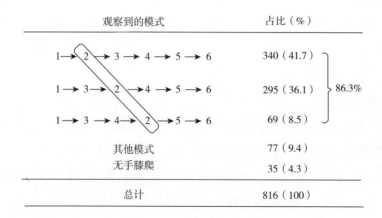

图 9-2　宝宝运动发展的模式

注　1：独坐；2：扶站；3：手膝爬；4：扶走；5：扶站；6：独走。

平时可以通过一些小游戏或活动来锻炼宝宝的下肢力量，增强腿部力量对宝宝的独站和独走都有很大的帮助。

（1）爬行运动

前方可以放置宝宝感兴趣的物品，多让宝宝爬行。爬行运动不仅可以增强宝宝四肢的力量，还能锻炼宝宝的平衡感。

（2）站坐交替

准备一个宝宝专用的小凳子，给宝宝指令，如"站起来""坐下去"，向宝宝演示从站到坐时要如何屈膝，交替进行，这样能教宝宝如何避免跌倒，宝宝也会觉得很有趣。

（3）捡东西

宝宝站立时，父母可以在地上放一些吸引宝宝的物品。宝宝若无法独站，父母可以扶着宝宝腋下，让宝宝练习"蹲"的动作，引导宝宝把地上的物品捡起来，反复做 10 次左右。

（4）练习扶走

让宝宝在一个依靠物（如床沿、墙壁、沙发等）附近练习，用宝宝喜欢的物品吸引他，鼓励宝宝伸手取物，引导宝宝扶着依靠物向前行走。

2.提供安全舒适的练习环境

应尽可能给宝宝准备一个专门练习大运动的场地，例如，用围栏围起一块空地，里面铺上爬行垫；在练习时，要注意家中的安全隐患，如尖锐的桌角可以用防撞角包起来，防止宝宝摔倒时撞到锋利的地方；烧水壶、热水等尽量不要放在宝宝触手可及的地方，避免对宝宝造成伤害。

3.鼓励式教育

在宝宝学走的过程中，切记不要因为宝宝摔倒或胆小就嘲笑他，以免给宝宝造成心理阴影。如果宝宝不慎摔倒，撞疼自己，不要拍打地板或桌子，说："都怪你，把宝宝弄疼了。"这会让宝宝认为自己受到伤害都是别人 / 物体的错，失去自我反省的能力。父母只有多给一点掌声和鼓励，才能激励宝宝前进。

##  记住这三点，选好宝宝学步鞋

宝宝在爸爸妈妈的陪伴下逐渐学会一项又一项新技能，尤其是学走路时，妈妈们肯定会为宝宝安排一双"战鞋"，助力宝宝行走。脚是人体重要的负重和运动器官，具有支撑、吸收震荡和负重等重要功能。宝宝的脚与成人的不同，刚出生的宝宝，足部有轻度的背伸和外翻，在 1 岁左右，足底跖面由于脂肪较多，足纵弓不明显；2 岁时，足底跖面的脂肪渐渐消失，外翻减轻，足弓才开始明显。所以，给宝宝选鞋需慎重，绝不是成人鞋的缩小版，而且商场里或各大线上平台童鞋款式众多，如何根据宝宝的足部特点选择一双好鞋，还真要好好考虑一下。

## 何时开始穿鞋

宝宝刚开始都是光着脚的，什么时候穿鞋，要根据宝宝自身的足部肌肉情况与协调能力来决定，不是说到8月龄、9月龄就一定要穿鞋。

美国儿科学会和足病医学协会建议，宝宝在学会走路之前是不需要穿鞋的，只有当宝宝能独立走到户外时，才需要考虑给宝宝安排学步鞋。过早给宝宝穿上学步鞋，不仅不能起到保护作用，反而会阻碍宝宝学步的进程，如穿鞋不利于宝宝足部感官刺激，学步期抓地感受不强，影响平衡感；在学步期间宝宝不仅要学习如何掌控足部，还要适应鞋子，不利于走路的练习。

因此，在宝宝学习扶站之前，尤其是练习手膝爬的阶段，不建议宝宝穿鞋。夏天可以让宝宝在室内光脚练习站立或扶走，天气凉了可以穿上袜子。

## 独走前的选鞋关键

宝宝能独立行走之前，应该根据宝宝的生理特点来选择学步鞋（图9-3）。鞋子应该有助于宝宝更好地学站和学走，鞋面材质应柔软；鞋底要软、薄（用手隔着鞋底触摸桌面，要有一定的触感）且防水，还要做一定的防滑处理；鞋帮可以稍微硬一些，能对宝宝踝关节有保护作用。

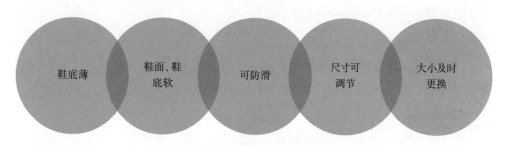

图9-3 独走前的选鞋关键

最好选择尺寸能调节的鞋子，尺寸过小，会挤压宝宝足部，影响血液循环，甚至使脚型发生变化，影响走路姿势；尺寸过大，宝宝在练习走路的过程中，鞋可能会滑脱，容易将宝宝绊倒。这段时期，宝宝的脚长得很快，应该根据宝宝脚的大小及时更换鞋子。

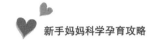

### 独走时的选鞋关键

这段时期，宝宝虽然能独立行走，但平衡性和感知力依然不完全，在选择学步鞋时要侧重以下 3 方面。

1. 鞋底

在厚度方面，最好选择鞋底较薄的学步鞋，尽量控制在 5~10 毫米，以利于宝宝感受足部的抓控力，如果鞋底太厚会影响对宝宝足部神经的刺激。

在柔软度方面，因为这段时期的宝宝还未形成足弓，走路时前后脚掌是一起着地的，所以鞋子的弯折位置要尽可能与脚掌的弯折位置相匹配。最好选择对折时弯曲在前 1/3 处的鞋子，减轻宝宝走路时的疲劳感，引导宝宝掌握正确的步行姿势。此外，还要保证鞋底做了防滑处理，避免宝宝步行时滑倒。

2. 鞋头

宝宝的脚型与成人不同，其特点在于脚掌、脚趾部分较宽，脚后跟较窄，呈倒三角形，所以应尽量给宝宝选择鞋头较宽的鞋子，避免尖头鞋束缚宝宝足部；鞋头可以稍微硬一点，防止走路时用力不当碰伤脚趾。

3. 鞋面

鞋面应选择较柔软的材质，包裹性强，透气性好，避免选择皮革类，以免宝宝在学步期因脚部易出汗而滋生细菌；鞋后跟需要硬一些，最好有后跟箱，可以起到支撑脚踝的作用。

随着宝宝月龄的增加，鞋的厚度也可以相应增加一些。但根据美国足病医学协会的建议，厚度不应超过 1 英寸，即 2.54 厘米，避免鞋底过厚，脚向滑动，造成脚趾挤压。

此外，宝宝的学步鞋要简单大方，不要过于花哨，最好不要有细小的饰品，以防宝宝吞食。

## 学步车与助步车，究竟该选哪一个

妈妈们在陪伴宝宝成长的过程中，要付出很多心力与体力，尤其是体力，而其中最累的就是陪宝宝练习走路。

为了减轻妈妈们的负担，一个个学步工具便应运而生了。

很多妈妈会在宝宝学走路的过程中，考虑入手一台辅助宝宝练习走路的小车。一方面期望通过使用工具让宝宝早点学会走路；另一方面期望解放双手，宝宝练习走路的时候自己可以干别的事，想起来就美滋滋的。

目前市面上辅助宝宝练习走路的小车主要有学步车与助步车两类，那么它们究竟好不好用呢？下面来简单分析一下。

## 学步车

学步车通常由一个带滑轮的椭圆形底盘，加上车身架子和座椅（座布）组成。

把还不会行走的宝宝放在学步车里，宝宝只要双腿稍用力，就能借助学步车滑轮的动力在地面"自由行走"。突然实现移动自由的宝宝肯定心花怒放，在家里走来走去，嗨得不行。妈妈们也觉得解放了老腰，不亦乐乎。学步车虽然满足了宝宝一时的走路需求，但长期使用也会产生一些弊端。

### 1. 错过大运动发育的最佳时机

妈妈们越是急着让宝宝通过辅助工具学会走路，结局往往越不理想。过早和长期使用学步车，由于宝宝腰部、下肢都被固定在学步车内，只需要花很小的力气就能借助滑轮自由行走，缺乏主动锻炼的机会，容易导致宝宝大运动发育时间延迟。相关研究显示，使用学步车的宝宝与不使用学步车的宝宝相比，平均晚3周学会独站或独走。

### 2. 存在安全隐患

几乎每年都有因为使用学步车导致宝宝受伤害的案例，非常触目惊心。

学步车使宝宝的活动范围变大，自由度变高，可能轻而易举获得平时触碰不到的危险物品；并且由于带有滑轮，遇到门槛或楼梯时极易翻倒，对宝宝造成严重伤害。据统计，与学步车相关的严重伤害包括脑震荡、脊髓损伤，甚至死亡，严重伤害的比例达0.7%。

正因如此，加拿大从2004年起禁止销售和使用学步车，之后大大降低了学步车造成的跌倒发生率。美国儿科学会也强烈呼吁禁止生产销售带有滑轮的学步车。我国卫生部发布的《儿童跌倒干预技术指南》也不建议婴幼儿使用学步车。

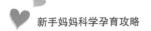

### 3. 形成错误行走习惯及不完美腿形

宝宝使用学步车时，下肢力量不能得到良好锻炼，同时还需承担上肢的重量，易导致 O 形腿。并且在学步车中行走与正常行走的受力不同，坐垫较高，宝宝需要身体前倾且踮脚才能前移，长此以往，会导致宝宝的腿形发育不良，甚至养成踮脚走路的习惯，还不利于平衡感和协调能力的发展。

除此之外，使用学步车还有一些其他弊端，如无法培养宝宝的危险意识，不能在学走路过程中建立宝宝的挫败感与成就感，对宝宝的心理发育也是不利的。

使用学步车就好比拔苗助长，不符合宝宝的运动发育基本规律。

## 助步车

助步车就是宝宝学步时推着走的小车子，能让宝宝扶着走路，可以锻炼宝宝的肢体协调平衡能力，对锻炼下肢力量有一定的帮助。但在使用这一类助步工具时，父母需要确保宝宝在宽阔平坦的地面练习，避免有台阶造成安全隐患；时刻看护宝宝的步行状态，及时帮助宝宝调整方向，远离危险。

在选购时要挑选正规厂家的产品，不建议使用二手车，避免零件脱落或失灵。不能长时间使用助步车，在宝宝能独立行走后，就不要再使用助步车。

其实，"学步期"还不足一年，妈妈们可以多花一点时间和精力陪伴宝宝，一起享受亲子互动的时光。

第十章

护理婴儿常见病，新手妈妈进阶课

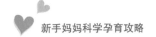

 **做好日常护理，宝宝湿疹不慌张**

在我们的想象中，小宝宝的皮肤都是细腻软糯的。然而在带娃过程中，却发现，宝宝的皮肤其实并不像我们想象中那么完美，有时会出现干燥、红斑、丘疹、水疱，甚至有渗出或鳞屑，可能还伴有剧烈瘙痒，而不少皮肤问题是湿疹引起的（图 10-1）。

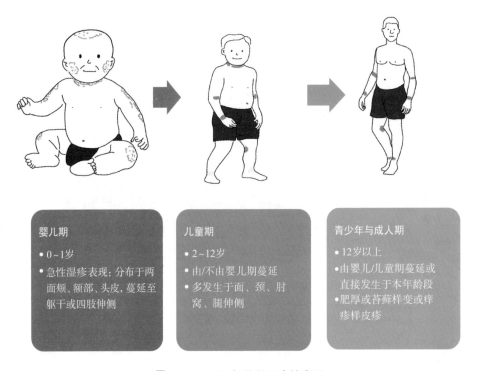

**婴儿期**
- 0~1岁
- 急性湿疹表现：分布于两面颊、额部、头皮，蔓延至躯干或四肢伸侧

**儿童期**
- 2~12岁
- 由/不由婴儿期蔓延
- 多发生于面、颈、肘窝、腿伸侧

**青少年与成人期**
- 12岁以上
- 由婴儿/儿童期蔓延或直接发生于本年龄段
- 肥厚或苔藓样变或痒疹样皮疹

图 10-1　不同年龄段湿疹的表现

瘙痒不仅影响宝宝的睡眠，如果不小心抓破，还会造成更严重的继发感染。那么，什么是湿疹，日常应该如何护理呢？

### 什么是湿疹

我们平时常说的"湿疹"，其实只是一个描述性的词语，是疾病的类别名称，而非具体诊断用词，泛指一类以湿疹性皮损为表现的炎性疾病，可按部位分，也可按病因分。若按病因分，则包括特应性皮炎（atopic dermatitis，AD）、接触性皮炎（contact dermatitis，CD）等其他病因皮炎。其中以 AD 最为多见，它根据年龄段的不同又可分为婴儿期、儿童期、青少年与成人期。

湿疹是由多种内、外因素共同引起的一种具有明显渗出倾向的炎症性皮肤病，伴有明显瘙痒，易复发，严重影响患者的生活质量。

目前国际上对于婴儿湿疹的指南多指特应性皮炎，如果大家常查阅相关资料，也会看到特应性湿疹的说法，其实都是一回事。

老一辈还会把宝宝的湿疹当成奶癣，其实这并不是真菌感染导致的，病因与遗传、环境和心理等因素关系密切（图 10-2），父母亲等家族成员有过敏性疾病史是本病的最强风险因素。

图 10-2　湿疹的发生原因

长湿疹后，最重要的是缓解或消除症状，而消除诱发湿疹的因素可以在一定程度上减少和预防复发及并发症。湿疹根据严重程度不同，可以选择不同的治疗手段。

根据英国国家卫生与保健研究院的分级方法，湿疹可分为轻度、中度、重度（表 10-1）。

对于轻度湿疹，做好日常护理就能缓解；而对于中度以上级别的湿疹，建议及时就医。

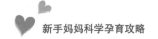

表 10-1　英国国家卫生与保健研究院对湿疹的分级方法

| 分级 | 表现 |
|------|------|
| 轻度 | 局部皮肤干燥 / 发红，瘙痒不明显，对日常生活及睡眠一般无影响 |
| 中度 | 局部皮肤干燥 / 发红，伴有渗出液 / 抓痕 / 局部皮肤增厚，伴有瘙痒，对日常生活及睡眠产生影响 |
| 重度 | 大面积皮肤干燥 / 发红，伴有渗出液 / 抓痕 / 大面积皮肤增厚或皲裂，持续瘙痒，严重影响日常生活，夜不能寐 |

## 应对宝宝湿疹，日常注意哪些

婴儿期发生的湿疹，往往会损伤宝宝的皮肤屏障功能，易继发刺激性皮炎、感染及过敏而加重皮损，那么日常护理就显得尤为重要。

### 1. 衣食住行

衣服：尽可能给宝宝选择宽松的棉质衣物，避免动物皮毛或合成纤维等材质，以免对宝宝的娇嫩皮肤造成刺激；应选浅色衣物，避免过多染色剂刺激皮肤；气温高时应穿透气的衣物，减少汗液刺激。

饮食：避免摄入致敏性食物，常见的如蛋奶类、坚果类、淀粉类、海鲜类食物；同时应注意膳食的全面营养，尽量不偏食挑食。

住行：注意个人和环境卫生，调节室内温度（25℃左右）和湿度（50%~60%），家中减少毛绒玩具数量，避免大面积使用地毯或皮毛家居饰物，减少粉尘或皮屑堆积，在户外注意避免花粉、柳絮及紫外线等对宝宝的影响。

### 2. 皮肤护理

沐浴：适当洗浴可以提高皮肤含水量，并去除污秽、结痂、刺激物和过敏原。建议隔日洗澡。洗澡时要注意，温度不宜过高，水温控制在 32~37℃，建议洗浴时间缩短为 5~10 分钟；可在无湿疹的皮肤处使用低敏、无香精的洁肤用品，避免使用碱性过强的皂类，也不建议每天使用；沐浴时要温柔，避免大力揉搓，结束后也应轻轻蘸干；洗澡后应马上涂抹润肤保湿剂。

护肤：这是湿疹护理中最应重视的环节。要坚持给宝宝全身涂抹润肤保湿剂，一天 2 次，保证足量（建议每周使用 150~200 克）、多次（发现宝宝皮肤干就涂抹，确保皮肤水润）、长期使用，在新生儿期尽早使用能减少和延迟湿疹的发生。尽可能选择保湿效果较好且不含香精、防腐剂的膏或霜类。在选择时应先试用（涂抹在宝宝的手背，看是否发红或表现异常），根据试用效果而定。即使宝宝湿疹好了，最好也不要停止使用保湿剂。

3. 不惧怕激素，谨遵医嘱

不要自行用激素类药膏，但也不要抗拒医生开的激素类药膏。合理使用外用制剂是治疗湿疹的重要方法，只要使用得当，不仅不会产生不良反应，还能缓解宝宝瘙痒症状。因为经皮给药，吸收入血的药量极低，而且医生在用药时会遵循足强度、足剂量和正确使用 3 个原则。家长切不可自行错误用药，尤其不可选择消字号甚至不明厂家的外用制剂。

##  宝宝鹅口疮，应该如何防治

新手爸妈在日常哺育宝宝或为宝宝进行口腔护理时能够观察到宝宝口腔的基本情况，如果发现宝宝的颊黏膜、舌头等部位出现了白点，可能是奶渍、舌苔，但一定要警惕是否为鹅口疮。我们可以从白点分布的均匀度、位置及是否可刮除这 3 个维度进行辨别（表 10-2）。

表 10-2　宝宝鹅口疮的辨别

| 辨别维度 | 奶渍、舌苔 | 鹅口疮 |
|---|---|---|
| 均匀度 | 分布均匀 | 不均匀，呈无序的片状 |
| 分布位置 | 通常仅位于舌头 | 口腔各个部位都可能生长 |
| 是否可刮除 | 易刮下，露出正常舌头 | 大力刮会露出鲜红创面 |

### 什么是鹅口疮

鹅口疮是存在于患儿的唇、舌以及口腔黏膜处的白色凝乳样物，又称急性假

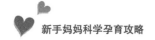

膜型念珠菌性口炎或者雪口病，由白色念珠菌引起，好发于婴幼儿的口腔黏膜上。据统计，鹅口疮在新生儿中的发病率为4%左右。这是因为婴幼儿口腔黏膜脆弱，唾液少，口腔干燥，而且新生儿的免疫系统较为薄弱，有利于白色念珠菌的生长繁殖。

该病一般全身反应不强，轻者无明显症状，部分婴幼儿会出现发热的情况。该病只侵犯患儿口腔黏膜，基本不影响患儿生活。但严重感染的宝宝口腔内患病处会充血、疼痛，出现哭闹。随着病程的进展，创面会由口腔后部蔓延至咽喉、食管、气管等，容易引起肺部感染和吞咽困难。少数患儿白色念珠菌会进入血液循环，引起菌血症（图10-3）。严重者还会引起脑膜炎、心内膜炎等疾病。

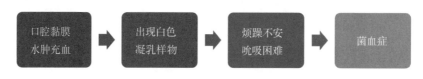

图 10-3　鹅口疮的表现

### 鹅口疮的易感因素

新生儿与早产儿的免疫系统较差，较易感染。胎龄越小，体重越小者，越容易引发鹅口疮。

新生儿可能由于母亲阴道内存在白色念珠菌而感染。

在医院使用呼吸机、气管插管等都可能损伤口腔黏膜，增大感染的风险，因此，宝宝住院时间越长，感染概率越大。

母乳喂养比人工喂养患鹅口疮的概率低，可能与母乳洁净、未被污染以及母乳中带有抗真菌的成分有关；而人工喂养则可能因为奶嘴、奶瓶等不洁，将细菌带入口腔而发病。

抗生素及糖皮质激素使用不当，会使宝宝体内菌群失调，机体防御体系被破坏，为真菌生长繁殖提供良好环境。

### 鹅口疮的防护

父母应对宝宝口腔卫生进行正确的护理，保证宝宝口腔的卫生和健康，避免鹅口疮的发生。根据易感因素，可以采取以下防护措施。

科学哺喂：对于体重较轻的早产儿，应采取科学、合理的喂养方法，使体重尽快达到合理范围。

注意避免传染：鹅口疮本身不具有传染性，但会传播给高风险的人群。例如，菌群会在母婴间传播，在母乳喂养过程中，妈妈乳房真菌感染可能传染给宝宝，宝宝患鹅口疮时也会通过吮乳传染给妈妈；宝宝若患鹅口疮，奶嘴、玩具也可能被污染，所以日常生活中要重视对喂奶用具、玩具、尿布、毛巾的消毒和清洁，但不用过度追求"无菌"。

合理用药：应避免滥用抗生素。若宝宝在生病时使用了激素类雾化药，需要在用药后及时用水漱口，或者在父母的帮助下清洁口腔。

## 鹅口疮的治疗

目前鹅口疮的治疗，遵循早期发现、加强护理、治疗措施个体化等原则。

对鹅口疮宝宝进行的原发病治疗和药物治疗主要包括以下 3 种。

### 1. 口腔护理

这是鹅口疮宝宝每天必不可少的重要环节，可在哺乳前后，用蘸取 2% 碳酸氢钠溶液的大头棉签清洁宝宝口腔。

### 2. 抗真菌感染

治疗要遵医嘱，经医生评估后给药，切勿自行用药。对于免疫功能正常的宝宝，局部使用制霉菌素是最有效的治疗方法。可用制霉菌素加鱼肝油涂擦婴幼儿口腔，或制备制霉菌素混悬液（使用制霉菌素片，每片用 10 毫升温开水化开，切忌用凉水或开水），用纱布、棉签蘸取后涂抹鹅口疮部位，每天 3~4 次，用药时间至少 7 天。在白斑消失后，应继续用药 1~2 周，以防复发。对于免疫功能正常宝宝的难治性鹅口疮和免疫功能受损婴儿的鹅口疮，可采用全身抗治疗，即口服氟康唑（广谱抗真菌药），每天 1 次，每千克体重每次 3~6 毫克，每个疗程 1~2 周。但针对口服氟康唑无效的宝宝，需进一步评估是否存在免疫缺陷。

### 3. 预防再次感染

鹅口疮是涉及整个消化道的疾病，虽然使用药物很容易治疗，但用药治疗不彻底会引起疾病复发。当妈妈和宝宝都存在感染时，需要同时治疗。日常生活中要注意清洁哺喂用具和玩具，注意手部卫生。

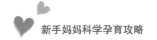 

##  掌握这些知识点，助力宝宝快速退黄疸

宝宝刚出生的时候其实处于颜值的低谷期，大多数宝宝出生不久小脸就会开始变黄，这就是我们常说的黄疸。不少新手爸妈由于经验不足可能就开始焦虑了，天呐，宝宝怎么黄了呢？该怎么办才好？

下面我们就来说一说，如何助宝宝一臂之力退黄疸？

### 新生儿黄疸及注意点

黄疸，几乎是每个宝宝刚来到这个世界必经的一道坎，超过 80% 的足月儿及绝大多数早产儿在出生后 1 周内会出现黄疸。黄疸最明显的表现就是皮肤黄染，因为此时新生儿皮肤被橘黄色的色素"胆红素"占据了。

胆红素，是红细胞中血红蛋白的代谢产物，它会在体内乘着"白蛋白号"专用列车到达肝脏，并通过胆汁排出体外。

正常情况下，肝脏有足够的能力来处理胆红素，但当胆红素的量过大或肝脏处理能力不足时，胆红素不能及时排出，在体内蓄积，就会把皮肤和（或）巩膜染成黄色。简单来说，胆红素就是引起黄疸的物质。

患黄疸可能是宝宝成长的必经之路，是因为新生儿具有以下 3 个生理特点。

体内胆红素较多：红细胞很多，且多是在胎儿时期使用的，寿命较成人的红细胞短，更易被肝脾巨噬细胞注意到，分解更多的胆红素释放入血液。

排出胆红素的能力弱：胆红素的代谢发生在肝脏，而新生儿的肝脏尚未发育成熟，缺乏代谢胆红素的 UGT 转移酶，不能马上处理数量突然增加的胆红素。

胆红素会重复循环：胎儿时期，胆红素可以由胎盘进入母体，由妈妈帮胎儿排出体外。出生后，宝宝的肠道还没有足够的菌群将胆红素转化为尿胆素排泄出去，容易被重吸收，再次入血。

### 生理性黄疸与病理性黄疸

虽然大多数宝宝的黄疸属于生理性黄疸，但是也可能发展成为"新生儿良性高胆红素血症"，因此，家长需要时刻关注宝宝黄疸的情况。因为黄疸在加重时会发生高胆红素血症，需及时发现和治疗，以避免严重高胆红素血症所致的脑损伤（胆红素是一种神经毒素，透过血脑屏障后，会对大脑造成损伤）。

　　*生理性黄疸*：足月出生后 2~3 天出现，4~5 天达到峰值，持续 7~14 天消退，宝宝的一般情况良好。

　　*病理性黄疸*：特点是发展快，持续时间长。一般是过早出现（宝宝出生后 24 小时内出现皮肤黄染），过晚消退（持续时间超过 2 周），程度较严重（手心、脚心也出现黄染）等。

　　当然，每个新生儿都有各自的生理代谢特点，所以不同新生儿的黄疸程度、消退过程也各不相同，这里只是给出一个新生儿黄疸管理流程供大家参考。

　　如果宝宝是早产儿，家长要更加重视宝宝的黄疸问题，及时向专业医师咨询。

　　对出生后 72 小时内的新生儿应积极监测黄疸情况（每 8~12 小时检查 1 次，建议在自然光下观察，避免室内光线不佳）。随母住院期间，黄疸评估由医生处理。越是早出院，家长回家后越要充分重视黄疸变化（1 周左右），如果宝宝手心、脚心都变黄，需要引起重视，及时就医。通常新生儿出生 2 周后，黄疸会逐渐消退；但少数会延迟消退，甚至出现皮肤黄疸加重变暗，大便颜色变浅，对于这种情况应及时发现并找出病因及治疗，以免发生胆汁淤积性肝损害。

## 如何退黄疸

　　清楚了新生儿黄疸的形成过程，我们就知道退黄疸关键在于增加黄疸去路，日常最科学的干预措施就是让宝宝多吃多排。推荐母乳喂养，每天喂养 8~12 次，母乳量不足时鼓励配方粉喂养，避免热量减少和脱水导致血清胆红素升高。也就是多吃（喝奶）多拉，补充水分，稀释胆红素，保证营养充足，同时增加胃肠蠕动，增加排便次数，促进胆红素排出。但若出现病理性黄疸，应及时求医，治疗的核心原则在于预防、识别、评估发展为高胆红素血症的风险，必要时进行换血治疗。

## 避免错误退黄疸方式

　　传说中的一些偏方验方，也能促进胆红素排出，有些方式确实有效，但可能得不偿失，常见的有以下 3 种。

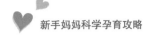

1. 多晒太阳

不是多晒太阳，是适度晒。太阳光中确有与蓝光一样波长的光线，但因宝宝皮肤幼嫩，晒太阳的时间段及时长要注意，避免长时间经受紫外线照射引起皮肤损伤。

2. 喂食蜂蜜水

对于不足 1 岁的宝宝，要慎喂蜂蜜。虽然喂食蜂蜜水可以稀释胆红素和增加热量，但蜂蜜中可能存在肉毒杆菌，轻则导致宝宝腹泻，重则危及宝宝生命。

3. 喂食茵栀黄

虽然吃茵栀黄可以让宝宝腹泻，加速胆红素的排出，减少重吸收，看起来很有效，但这会令宝宝不适。倘若宝宝在此期间腹泻脱水，可能导致更严重的后果。此外，有的育儿机构可能会推荐洗药浴等方式，这些做法可能适得其反，医学上并不推荐。

## 宝宝腹泻，父母应该如何处理

腹泻，其实就是我们常说的"拉肚子"。WHO 的数据显示，全球每年约有 20 亿腹泻病例发生，其中 5 岁以下儿童每年约发生 3 次急性腹泻，此后随着年龄增长，风险率会逐渐下降。

严重腹泻会导致宝宝发育迟缓、营养不良，甚至造成认知损害。

### 什么是腹泻

腹泻是由多种因素引起的一种儿童常见病，以大便次数增多（≥ 3 次 / 天）、粪质稀薄或如水样为特征，含水量增加（＞ 85%），大便可伴有黏液、脓血或未消化食物。6 月龄至 2 岁的婴幼儿发病率最高，发病时影响患儿的体力、精神状态和营养吸收。

腹泻可按病因分为感染性腹泻和非感染性腹泻；也可以按病程分为急性腹泻与慢性腹泻，其中急性腹泻病程多在 2~3 周，慢性腹泻病程多超过 4 周。

对家长来说，对宝宝腹泻最直观的判断方法是观察宝宝的大便情况。根据布里斯托粪便性状分型（图 10-4），若评分在第 5 型及以上，即可判断为腹泻。其中，第 1~2 型表示有便秘；第 3~4 型是理想的便型，特别是第 4 型，是最容易排便的形状；第 5~7 型表示可能有腹泻。

| | | | 便秘 |
|---|---|---|---|
| 第1型 | | 硬球（很难通过） | |
| 第2型 | | 香肠状，但表面凹凸 | |
| 第3型 | | 香肠状，但表面有裂痕 | |
| 第4型 | | 像香肠或蛇一样，且表面很光滑 | 正常 |
| 第5型 | | 断边光滑的柔软块状（容易通过） | |
| 第6型 | | 粗边蓬松块，糊状大便 | |
| 第7型 | | 水状，无固体块（完全呈液体状） | 腹泻 |

图 10-4　布里斯托粪便性状分型

因此，平日家长可以根据宝宝大便性状改变的情况，如呈稀水便、糊状便、黏液脓血便等，和大便次数比平时增多的情况，来判断宝宝是否腹泻。

### 腹泻如何处理

刚发现宝宝腹泻时，父母一般会特别紧张，马上就把宝宝往医院送，其实大可不必如此紧张。

根据循证，预防和治疗脱水是年幼腹泻患儿的常规治疗措施，对急性腹泻的宝宝并不主张做一些常规的检查或马上给予止泻药和止吐药。

虽然明确腹泻病因对每个腹泻宝宝的治疗都很重要，但并不是非要查明病因才能开始护理。家长在家也可以通过一些护理手段帮助宝宝恢复正常的排便功能（图 10-5）。

图 10-5　缓解腹泻的方法

**1. 腹泻的护理重点在于防脱水**

在宝宝腹泻时，无论是否伴有呕吐，若未摄入足够水分，都可迅速出现脱水。具体表现为皮肤弹性降低、眼窝凹陷、黏膜干燥、6~8 小时无尿等。因此，应该注意宝宝的体征，防止脱水加重，及时就医或在就医前采取应急补液措施，以避免宝宝脱水、营养不良和其他并发症，减少就诊率，降低住院率和死亡率。

一般可以购买专门的口服补液盐，也可以简单自制口服补液：取 1 匙盐、8 匙糖、1 升（5 杯）干净的饮用水，混合后给宝宝服下。

**2. 日常饮食**

在减少胃肠道刺激的同时也要保证营养的摄入，不可盲目禁食。即使在脱水阶段，母乳喂养的婴幼儿也应该继续进食，可以采用更频繁的母乳喂养或瓶哺法；已添加辅食的宝宝应该在腹泻恢复后给予一次辅食，以便恢复其生长发育速度。

在此期间，应一天中少量多餐，进食糊状软食，对胃刺激小，便于消化吸收。应避免高油高糖食物，同时饮用避免罐装果汁、运动饮料，这类高渗性液体容易导致腹泻加剧。

**3. 日常皮肤护理**

大便次数过多，可能刺激肛周皮肤，引发红臀，因此应尽量做到每次大便后用温水清洗宝宝臀部并轻轻擦干肛周皮肤，及时涂抹凡士林或含有氧化锌的护臀膏，以遮盖肤色为准，做好屁屁的防护隔离，避免发生尿布疹。

**4. 家庭用药**

千万不要自行给宝宝加大药量，有需要请咨询专业医生。目前以下 4 类药尚有使用争议，不可自行使用。

（1）蒙脱石散

这是一种从土壤中萃取的医用硅酸盐矿物质，主要是通过吸附肠道水分来止泻，治标不治本，应慎用。应急情况下，若能通过给宝宝服用补液盐防止进一步脱水，就不建议自行使用蒙脱石散。

（2）锌剂

锌剂对修复肠道黏膜有一定作用，但营养均衡的宝宝不需额外补充，平日饮食中缺锌或长久腹泻的宝宝可以额外补充。WHO 推荐剂量为每天 20 毫克（2 岁以下的宝宝为每天 10 毫克）。

（3）益生菌

调节肠道菌群，急性水样腹泻可用布拉酵母菌或鼠李糖乳杆菌，抗生素相关腹泻可用布拉酵母菌，其他类型的腹泻不建议使用。

（4）腹泻贴

目前并没有证实在宝宝腹泻的时候使用腹泻贴有效。

### 何时需要就医

个别新手妈妈会以宝宝每天拉几次来判断腹泻的严重程度，其实这是错的。应该综合考虑宝宝的身体情况。根据《世界胃肠病学组织全球指南》的建议，若出现表 10-3 中的情况，建议寻求专业医生的帮助。

表 10-3 寻求专业医生帮助的情况

| |
| --- |
| • 患儿出现脱水的情况 |
| • 患儿精神状态发生改变 |
| • 患儿有早产、慢性病或合并症病史 |
| • 年幼（小于 6 月龄或体重低于 8 千克） |
| • 3 月龄以下婴儿发热超过 38℃，或 3~36 月龄儿童发热超过 39℃ |
| • 肉眼可见的血便 |

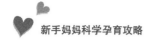

续表

- 大量腹泻，包括频繁和大量排便

- 持续呕吐，严重脱水，持续发热

- 口服补液疗效欠佳，或不能给予口服补液治疗

- 48 小时内没有改善，症状加重且总体情况恶化

- 患儿 12 小时内出现无尿症状

### 如何预防腹泻

**1. 接种疫苗**

宝宝适时接种疫苗，有助于预防腹泻。接种轮状病毒疫苗、麻疹疫苗能明显降低腹泻的发生率和严重程度。只要没有禁忌证，每个宝宝都推荐在适宜的年龄段接种疫苗。

**2. 其他日常预防措施**

包括日常如厕、进食、结束户外运动后都应做好手部清洁，养成良好的卫生习惯；日常饮食应注意食品安全卫生，避免食用不洁、不熟的食物，尤其是肉类、海鲜、蛋类；保持营养均衡，积极防治营养不良。

##  奶娃娃也会便秘，可能是这些原因导致的

了解完腹泻宝宝的日常护理后，很多父母就会想到，有时观察到宝宝的大便属于布里斯托粪便性状分型中的第 1~2 型，也就是便秘型。看着宝宝很用力地憋红了小脸，费劲地拉出几颗硬球，甚至有时肛门都因为用力过度，大便过干过硬，而出现裂口渗血，令人心疼不已。

一般儿童便秘主要集中在辅食添加初期、开始进行如厕训练及刚入学这 3 个时期。

下面来了解一下日常生活中如何护理便秘宝宝，便秘应该如何正确防治。

### 便秘的表现

每个年龄段的宝宝都可能出现便秘的问题。据报道，1 岁以内的宝宝便秘发病率为 2.9%，1~2 岁可上升至 10.1%。一般而言，宝宝便秘的表现为排便次数比平时少，大便粗大且干硬，有排便困难，甚至排便时伴随疼痛而哭闹。

如果宝宝出现表 10-4 中的情况，就可以判断宝宝发生了便秘。

表 10-4 宝宝发生便秘的情况

| |
|---|
| • 每周排便≤ 2 次 |
| • 在宝宝能控制排便后每周至少有 1 次便失禁 |
| • 有大便潴留病史 |
| • 有排便疼痛或困难病史 |
| • 直肠内存在大量粪便团块 |
| • 巨大的粪便足以阻塞马桶出口 |

其中，4 岁以下的便秘婴幼儿至少表现出以上 2 条症状，还可能伴随易激惹、食欲下降等情况。如果大便大量排出，伴随的症状会很快消失。

### 便秘的原因

宝宝便秘的主要原因是刚开始进行排便训练时，由于方法不正确或宝宝难以接受，就拒绝排便，结肠吸收水分后会使大便干硬难以排出且排出时疼痛，这样宝宝就更抗拒排便，造成恶性循环，导致大便潴留。

正常来说，母乳喂养的宝宝比奶粉喂养的宝宝大便次数多。在纯母乳喂养时，宝宝很少发生便秘；而奶粉喂养的宝宝，大便次数与饮用的配方奶粉种类有关，如饮用水解蛋白奶粉产生的大便相对较软。

父母可以在图 10-6 中的宝宝便秘高发时期重点关注，并尽可能做好便秘的防治。

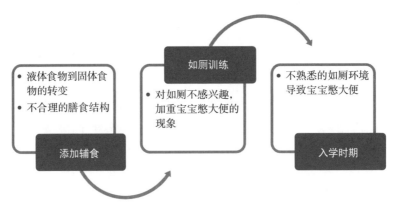

图 10-6　宝宝便秘高发时期

## 何时需要就医

超过正常排便周期 24 小时以内，可以采取家庭缓解措施，但如果出现但不限于表 10-5 中的情况，建议咨询专业医生。

表 10-5　宝宝便秘需要就医的情况

| |
| --- |
| • 宝宝在 3 月龄以内 |
| • 伴随呕吐、便血、腹胀、排便疼痛等情况 |
| • 饮食改善后无好转 |
| • 宝宝生长阻滞，不愿进食 |
| • 便秘反复发作 |

## 便秘的日常防治

如果出现的是轻微的便秘，父母日常可以通过以下几个方面来改善，主要包括生活习惯调整、排便习惯训练、手法协助，以及适当的药物治疗。

1.生活习惯调整

在饮食方面，可以增加液体的摄入量［水足够即可，不需要喝大量水治疗便秘），膳食均衡，增加富含膳食纤维食物的摄入量［宝宝每天纤维素摄入量为年龄 +5 克，即 2 岁宝宝纤维素摄入量为 2+5=7（克）］，如全谷物、果蔬等。避免或减少牛奶、奶酪等的摄入，增加西梅、苹果等的摄入。缺乏运动的宝宝可以适当增加运动量。

2. 排便习惯训练

如厕训练开始的时间很关键，宝宝一般在 18~24 月龄会出现自主排便意识，不过也会存在个体差异，所以还是要根据自家宝宝的发育状况（图 10-7），抓住宝宝可以进行如厕训练的信号。当然，定点、限时和规律也是如厕训练的要点。如每天晨起坐马桶，时间 5~10 分钟，即使没有排出，也要多鼓励和表扬宝宝；若在如厕训练期间出现便秘，可暂停训练。

图 10-7　排便习惯训练的时机

3. 手法协助

可以通过栓剂或其他刺激来辅助排便，偶尔可用开塞露，或用肥皂水、矿物油等润滑肛门，但不可频繁使用，以免宝宝产生耐受性。

4. 药物治疗

尽量选择不易产生依赖性、不良反应小的药物，最常见的为乳果糖类的口服液，但用药前也建议先咨询医生，切勿随便用药。

## 宝宝感冒期间，鼻涕的那些学问

感冒可谓再普通不过的病了，但是再小的病发生在自己宝宝身上都非常令人心疼。

目前研究发现，6 岁以下的儿童，平均每年会感冒 6~8 次，在每年 9 月到次年 4 月感冒高发期，能到达每月 1 次，每次可能持续 2 周左右。

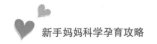 

一般来说，感冒最常见的为流行性感冒（流感）和普通感冒。流感主要由流感病毒感染导致，有明显的季节性；而普通感冒则是上呼吸道感染中最常见的一种类型，可以发生于任何年龄的宝宝，没有明显的季节性，一般不会伴异常体征，具有自限性，即一段时间后会自然痊愈。

虽然感冒具有自限性，但过程总是令人难受的。由于宝宝的鼻腔相对短小，鼻道狭窄，鼻黏膜柔嫩而富含血管，出现炎症时易肿胀，因此不管宝宝是流感还是普通感冒，都常出现流涕等鼻部不适。当然，流涕未必就是感冒，还可能是变应性鼻炎，家长需要明确区分。

流感、普通感冒和变应性鼻炎的鉴别见表 10-6。

表 10-6　流感、普通感冒和变应性鼻炎的鉴别

| 鉴别点 | 流感 | 普通感冒 | 变应性鼻炎 |
|---|---|---|---|
| 季节性 | 11 月至次年 3 月 | 不明显 | 每年固定时期或常年 |
| 传染性 | 丙类传染病，传染性强 | 无 | 无 |
| 病原 | 流感病毒 | 鼻病毒、冠状病毒等 | 非感染性 |
| 发热 | 高热伴寒战，持续 3~5 天 | 不发热或低热、中度热，无寒战 | 无 |
| 全身症状 | 重，乏力、食欲下降、肌肉酸痛 | 少或无 | 无 |
| 鼻涕颜色 | 透明→白色→黄绿色 | | 清水样 |

### 鼻涕的形成及颜色

宝宝的感冒症状通常在感染后 1~2 天开始出现，鼻塞、流涕是最突出的症状。感冒过程中可能有透明、黄色或绿色的鼻涕，那么鼻涕究竟是怎么产生的呢？

鼻涕其实是鼻腔黏膜腺体的分泌物，人体鼻黏膜每分每秒都在分泌鼻涕，每天的分泌量大概有 2 瓶矿泉水（500 毫升 / 瓶）那么多。正常情况下，鼻涕是透明

的，其成分为大量的水，还有少量的可溶性盐、抗体及一些黏蛋白，大部分顺着鼻毛运动的方向流向咽喉，也就是被我们"吃掉了"；而一小部分会蒸发，剩下的一部分与鼻腔中的空气接触，防止鼻黏膜干燥的同时，还筑起了一道阻挡细菌的屏障，起到净化空气的作用（图10-8），最后干结形生固体，也就是我们说的"鼻屎"。所以，千万不要认为鼻涕毫无作用，甚至还觉得有点恶心了，鼻涕的作用可大着呢！

图 10-8　鼻涕的作用

流涕与发热、咳嗽一样，都是人体的一种自我保护机制，能在一定程度上清除鼻腔中的致病原。在感冒时，最常见到的鼻涕有透明的清涕，以及白色甚至黄绿色的鼻涕，这些不同颜色的鼻涕代表什么呢？

1. 透明鼻涕

这是鼻涕的正常颜色，一般在感冒初期出现。但要注意，宝宝发生变应性鼻炎时也会出现这种鼻涕，这其实是机体的保护作用。鼻黏膜肿胀，腺体的分泌物增多，是为了尽快清除鼻腔处的"入侵者"，如病原体、粉尘等。所以，倘若一看到宝宝流涕就马上用药控制，可能适得其反。

2. 白色鼻涕

这种鼻涕是由透明鼻涕慢慢变化而来的，最主要的特点就是黏稠、厚重，这是由于鼻黏膜充血、肿胀，导致鼻涕流速减慢，因此就变黏稠了。出现白色鼻涕并不能确定是细菌感染还是病毒感染，只能说明鼻黏膜处炎症有进展，白细胞汇聚在炎症处开始与病原体大战。

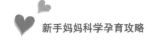

3. 黄绿色鼻涕

当病原体大量繁殖聚集时，机体便会派出更多的兵力来抵抗，白细胞投入这场战斗，可以释放化学物质髓过氧化物酶杀死病菌。经过战斗后，阵亡的白细胞和病原体残骸通过鼻涕排出，就会呈黄绿色。

## 鼻涕的颜色是病情进展的风向标吗

有的人认为清涕变成黄绿色鼻涕，病情就好转了；而有的人则认为这代表病情加重了；甚至还有人觉得产生绿鼻涕是感染了铜绿假单胞菌，需要使用抗生素治疗。

事实上，虽然鼻涕的变化是机体免疫系统运转的标志之一，但还需要结合宝宝的其他症状来判断。

如果鼻涕在变黄绿色的过程中，不仅鼻涕量逐渐减少，而且宝宝的体温下降至正常，精神状态及身体状态也越来越好，说明与病原体的战斗已经进入收尾阶段，只需静待宝宝康复即可；但如果在这个过程中，宝宝的鼻涕量没变或持续增多，而且高热不退，还出现其他更严重的症状，如恶心、呕吐、头痛等，则可能并发其他感染，需要经医生诊断后用药。要谨记，在这个过程中不要自行加大药量，尤其不要滥用抗生素，因为这种做法不仅无法治疗病毒引起的感染，还会导致机体菌群失调，出现其他问题。

## 鼻涕的正确处理

第一步，确认是否为鼻涕，有可能是天气寒冷，鼻腔中的水蒸气液化形成的小水滴，要注意辨别。

第二步，缓解鼻塞、流涕的不适感，可调节室内湿度至50%以上，多饮水、多休息、多睡觉、少活动，促进感冒症状的消失。鼻涕可以通过海盐水清洗鼻腔来缓解（喷头伸入宝宝鼻腔，宝宝需低头，避免海盐水流到咽喉，刺激咽喉引起咳嗽）；不要硬擤鼻涕，鼻部可以涂抹保湿剂，防止破皮；保持口腔的清洁卫生，可用生理盐水或普通盐水清洁口腔，对于吞咽功能尚未发育完全的小宝宝，父母可以用棉签蘸温盐水来清洁其口腔。

不建议使用风油精或其他精油来给宝宝疏通鼻腔，这虽然能起到一定的效果，但对宝宝而言过于刺激。

## 何时需要就医

如果感冒期间，宝宝的症状包括但不限于表10-7中的情况，则建议马上就医，由医生来评定宝宝的病情，进行积极的治疗。

表 10-7　宝宝感冒后送医的情况举例

| |
|---|
| • 3天后宝宝发热、咳嗽等症状没有改善，甚至加重 |
| • 宝宝流涕超过2周，流黄绿色鼻涕超过10天 |
| • 宝宝无精打采，进食欲望低 |
| • 宝宝出现喘憋，面部通红或口鼻周围青紫 |